図解 即 戦力

オールカラーの丁寧な解説で
知識ゼロでもわかりやすい！

アジャイル開発 の

基礎知識と導入方法が
しっかりわかる
これ
1冊で
教科書

増田智明
Tomoaki Masuda

JN100013

技術評論社

■書籍サポートページについて

本書の内容に関する補足、訂正などの情報につきましては、下記の書籍Webページに掲載いたします。

https://gihyo.jp/book/2023/978-4-297-13899-8

■ご注意：ご購入前にお読みください

免責

・本書に記載した内容は、情報の提供のみを目的としています。したがって、本書を用いた開発、制作、運用は、必ずお客様自身の責任と判断によって行ってください。これらの情報による開発、制作、運用の結果について、技術評論社および著者はいかなる責任も負いません。

・本書記載の情報は2023年10月現在のものを掲載しております。インターネット上のサービスは、予告なく画面や機能が変更される場合があるため、ご利用時には画面、操作方法などが変更されていることもあり得ます。

・ソフトウェアに関する記述は、とくに断りのないかぎり、2023年10月時点での最新バージョンをもとにしています。ソフトウェアはバージョンアップされる場合があり、本書での説明とは機能内容などが異なってしまうこともあり得ます。

以上の注意事項をご承諾いただいたうえで、本書をご利用願います。これらの注意事項をお読みいただかずにお問い合わせいただいても、技術評論社および著者は対処しかねます。あらかじめご承知おきください。

商標、登録商標について

本文中に記載されている会社名、製品名などは、各社の登録商標または商標、商品名です。会社名、製品名については、本文中では、™、©、®マークなどは表示しておりません。

はじめに

　本書は、アジャイル開発について全般的な解説をしています。対象として、一般的によく使われるアジャイル開発のスクラム、XP（エクストリーム・プログラミング）、およびチケット駆動の開発手法に焦点を当てています。

　これらの手法は、ソフトウェア開発の柔軟性と効率を高めること、まわりの状況が変化するプロジェクトの進め方において変化を許容し現状に追随することを目的としています。本書では、各手法の原理、実践方法、そしてそれらがプロジェクトにどのように影響を与えるかを詳細に解説します。さらに、従来の計画駆動（ウォーターフォール開発など）との比較を通じて、アジャイル開発がもたらす利点も示します。

　基本編（1〜3章）では、アジャイル開発の基本プラクティス、チームの協働の重要性、継続的なフィードバックの取り入れ方、そして柔軟な計画立案の方法について説明します。具体的には、バックログ、チケットの抽出、自動テストなどアジャイル開発で取り入れられている基本的な手法、チームでアジャイル開発を行う際の基礎的な部分を提供しています。

　実践編（4〜7章）では、アジャイル開発の基本プラクティスを運用するにあたって、実際に気を付けなければならない部分を解説します。バックログやチケットの優先度の付け方、自動テストの保守性、スタンドアップミーティングとスプリントの時間の考え方などです。

　応用編（8〜10章）では、制約理論やSECIモデル、継続的なリリースなどアジャイル開発のもとになっている考え方を含め、ソフトウェア開発全体に応用できるナレッジの共有を目指しています。

　チームの知識と経験を活用し、共有された知識と協力を育ててください。本書が読者にとって、よりよいソフトウェア開発の実践のためのソリューションとなれば幸いです。

2023年11月

増田智明

目次

Chapter 8 ボトルネック

Chapter *10* 継続的な開発・学習・成長

Chapter 1

アジャイルソフトウェア
開発宣言

最初は、基本に立ち返ってアジャイルソフト
ウェア開発宣言について解説します。アジャイ
ル開発の基本はチームワークです。アジャイル
ソフトウェア開発宣言は簡単な4つの文ですが、
チームで意識合わせをしておきましょう。

アジャイルの定義

アジャイル開発では「ドキュメントを作らない」という誤解がありますが、実際はドキュメントでソフトウェア開発を補完し、さらに動くソフトウェアの重要性を強調します。まずはアジャイル開発の宣言を確認しましょう。

アジャイルソフトウェア開発宣言

最初に**アジャイルソフトウェア開発宣言**を確認しましょう。

○ **アジャイルソフトウェア開発宣言**
出所：https://agilemanifesto.org/iso/ja/manifesto.html

アジャイルソフトウェア開発宣言

私たちは、ソフトウェア開発の実践
あるいは実践を手助けをする活動を通じて、
よりよい開発方法を見つけだそうとしている。
この活動を通して、私たちは以下の価値に至った。

プロセスやツールよりも**個人と対話**を、
包括的なドキュメントよりも**動くソフトウェア**を、
契約交渉よりも**顧客との協調**を、
計画に従うことよりも**変化への対応**を、

価値とする。すなわち、左記のことがらに価値があることを
認めながらも、私たちは右記のことがらにより価値をおく。

Kent Beck	James Grenning	Robert C. Martin
Mike Beedle	Jim Highsmith	Steve Mellor
Arie van Bennekum	Andrew Hunt	Ken Schwaber
Alistair Cockburn	Ron Jeffries	Jeff Sutherland
Ward Cunningham	Jon Kern	Dave Thomas
Martin Fowler	Brian Marick	

© 2001, 上記の著者たち
この宣言は、この注意書きも含めた形で全文を含めることを条件に自由にコピーしてよい。

当時から、「包括的なドキュメントよりも」の「よりも」の部分が強調され「アジャイル開発ではドキュメントを作らない」と流布されることがありましたが、そんなことはありません。英語版のoverの意味として「〜を超えて」という意味合いが込められており、「ドキュメントを作る、さらに動くソフトウェアを作る」という意味が正しいとされています。あるいは、ドキュメントを包括的に作って終わりというわけではない、動くソフトウェアが大切なのだ、という意味合いです。

アジャイルソフトウェア開発宣言については、当初の発表からいくつかの分派のようなものもありますが、本書で扱う「アジャイル」はこの最初のアジャイルソフトウェア開発宣言に基づいて解説します。

個人との対話 [Individuals and interactions]

プロセスとツールというのは、当時のソフトウェア開発の主であったウォーターフォール開発のプロセス自身やその中で使われる、がちがちなツールのことです。あれこれとツールに頼り切るよりも、**人同士の会話**（コミュニケーション）を大切にしようということです。英語版では相互作用（interactions）という単語があてられていることから、アジャイル開発チーム内での対話、リーダーとメンバーの対話、顧客と開発チームの対話を含むと考えられます。

◉ **関連性をマインドマップで示す**

動くソフトウェア［Working software］

　ソフトウェア開発チームが何を目的として仕事をしているのかと問われれば、何かのソフトウェアを作成していると答えられます。何らかのサービス、何らかのシステム、何らかの研究結果。どれであれ、仕様書を書いて終わりというわけにはいきません。プログラムは、そのプログラムがコンピュータ上で正しく動き、何らかの結果を出力することによって、本来のプログラムとしての意味を成します。

　そうであるならば、仕様書や設計書だけで終わりというわけでなく、仕様書や設計書に基づいて作られたプログラム（あるいはプログラムに基づいて改変された仕様書や設計書）を第一の目的として掲げておこうという精神です。

　もちろん、アジャイル開発でも必要最小限のドキュメントも大切です。

◯ 作りすぎないドキュメント

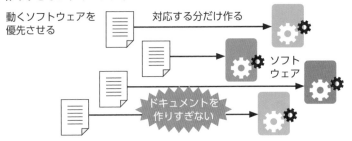

動くソフトウェアを優先させる　　対応する分だけ作る

ソフトウェア

ドキュメントを作りすぎない

顧客との協調［Customer collaboration］

　ソフトウェア開発の間、常について回るものが仕様漏れや仕様変更です。あらゆるプログラムの仕様をあらかじめ仕様書に書けるものではありませんし、未来を見通せない限り、1年後にリリースされるソフトウェアに対して完全な仕様書を書くことはできません。

　上流から下流に一方向にしか流れてこないウォーターフォール（→Section 03）の場合（フィードバック無しのウォーターフォール開発）は、最初の仕様を決めるにあたり顧客との契約が重視されがちです。このため、1年後のリリースを見越した特殊能力で仕様を確定することが求められます。

しかし、そんなことは現実には不可能です。不可能ならば、途中で不具合の改修なり仕様漏れなり仕様変更なりをうまい具合に許容して、**動くソフトウェア**を完成させたほうがよいのではないか、という考えです。

顧客にとっても、開発チームとの当初の契約に縛られてしまうより、方向転換をしてよりよい方向に進めたほうがよい結果を得られるのではないか。そのための**協調**がアジャイル開発には必要になります。

変化への対応 [Responding to change]

ソフトウェア開発は、日々変化するソフトウェアの最新技術の中で、プロジェクトが開始した途端に古くなってしまうという矛盾をはらんでいます。1年前にプロジェクトを始めたときの最新技術は、1年後にプロジェクトが終わるころには古くなってしまうかもしれません。また、ソフトウェアをリリースする市場も変わっているかもしれません。いいえ、きっと変わっているのです。

プロジェクトを始めるときの計画は非常に重要です。開発チームや顧客が道に迷わず、円滑にプロジェクトを進められるように計画を立てます。しかし、プロジェクトが始まった途端に古くなってしまう最新技術に対しては、未来を見通せない限り計画だけでは無力です。

ならば、契約に縛られすぎない（契約自体は重要です）ことと同じように、計画を実行時に少しずつ現実に沿って**変化**させてはどうか、という提案です。市場や技術が、プロジェクトが進む中で変わらないのであればそのまま突っ走ればよいのです。しかし、状況が常に変化する市場の中では、プロジェクトの進む道も少しずつ変化させて状況に適応させていきます。

○ **時間が経つと本来の目標はずれる**

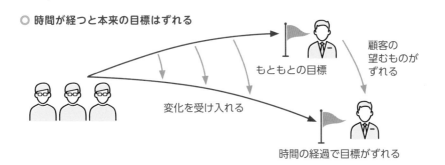

もともとの目標

顧客の望むものがずれる

変化を受け入れる

時間の経過で目標がずれる

カウボーイプログラミング との違い

カウボーイプログラミングは英雄的な個人プログラミング方法です。仕様書無しで作業を進めることが可能で、プロトタイプを迅速に完成させてしまいます。しかし、伝承可能なプログラムコードを残すためにはどうしたらよいでしょうか。

カウボーイプログラミングとは

英雄的にプログラミングを行い、完成させてしまうスタイルを**カウボーイプログラミング**と言います。場合によっては仕様書がなくてもうまくいくことが多く、とくに小規模・短期間のプロジェクトの場合、個人のプログラミング能力に負うところが大きいのでこの傾向が強くなります。自分のプログラミング能力だけを頼りにして、仕事をパワフルにこなしていくのが本質です。

しかし、プロトタイプ的な完成品を求めるのであればこれでよいのですが、誰かにコードを引き継ぐことはできません。コードの不具合は本人しか解消できません。何らかの改修も、カウボーイ本人しか解決できないという弊害があります。

逆に言えば、できあがったコードに適度にコメントがあり本人以外にも理解できるようになっていれば、カウボーイプログラミングとは言わないでしょう。できあがったコードが、書いた本人しか解読できないのか、それとも他人が読む／手を入れるように配慮されているかの違いがあります。たとえ、一人でコツコツと作ったコードであっても、読みやすいコードというものは存在します。

職人気質的なコード

似たコーディングスタイルとしては、職人気質的なコードがあります。複雑なロジックや研究的なコード、先進的なコードは職人気質なのかカウボーイスタイルなのかわかりづらいものがあります。それは、他人が読むにしても難しいコードだからです。

しかし、たとえるならば、難しい数式の証明はそれに精通した数学者にしかできないことと同様でしょう。本人以外にもその数式は解けます。つまり、同程度のプログラミング能力を持つ人であればそのコードに正しい形で改修コードを入れることが可能でしょう。

伝承可能なプログラマーのコード

一言付け加えるならば、より平均的なプログラマーあるいはチームメンバーでも手を付けられるほうが望ましいと言えます。チーム全体の生産性が上がる可能性は高いです。

会社の中にはいろいろな人がいますが、会社としては特殊な人を集めてくるよりも、平均的な能力を集めるほうがやりやすいでしょう。会社の開発スタイルにもよりますが、特許を取るような特殊な分野であれば職人気質的なプログラミングを、業務システムのような長期的に使われるシステムであれば継承可能な平均的なプログラミングを求められます。

そういった点で、職人気質的なコードは主に師弟関係の伝承に近いものがあり、平均的なプログラミングにも重要な役割があります。しかし、英雄的なカウボーイスタイルは個人のそれに留まってしまいがちです。

プログラマーの書くコードは用途や量がさまざまです。いっときの研究用のコードと商業的に長く使われるであろうコードとは寿命が異なります。ここでは主に寿命の長いプログラムを対象にしましょう。

○ それはカウボーイプログラミングか？

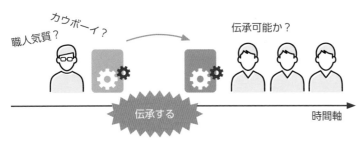

Section 03 ウォーターフォールとの違い

かつて、開発者を悩ませ続けたウォーターフォールの欠点を補う形で提案された
アジャイル開発ですが、その反発から十数年が経ちます。最近は計画駆動という
形で、アジャイル開発と計画駆動という比較がなされています。

ウォーターフォールとは

ときとして、アジャイル開発プロセスの反対の位置に置かれる**ウォーター
フォール開発**ですが、昨今では**計画駆動**という言い方に変わり、有用な開発プ
ロセスの1つとなっています。

○ ウォーターフォール開発手法

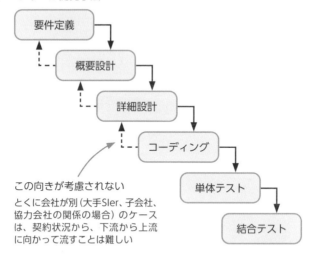

この向きが考慮されない
とくに会社が別（大手SIer、子会社、
協力会社の関係の場合）のケース
は、契約状況から、下流から上流
に向かって流すことは難しい

もともと、上流工程から下流工程に情報が流れるという開発プロセスとして
のウォーターフォールは、一般的に知られる「滝」の流れとはかなり違ってい
ます。プロジェクトをいくつかの開発プロセス（要件定義、設計、コーディン
グなど）に分け、プロジェクトが進むごとに次のプロセスに情報が渡されてい

きます。

　しかし、必ずしも情報は一方向だけではなく、不具合などがあれば下流のプロセスから上流のプロセスへのフィードバックがなされるという記述が、もとのウォーターフォール開発の説明[注1.1]にはあります。そのため、本書では一般的に嫌われている「ウォーターフォール」と、計画駆動として発展してきた「ウォーターフォール」とは別ものと考えます。

計画駆動としてのウォーターフォール

　計画駆動としてのウォーターフォールは、「○○駆動」との名の通り、「計画」を中心にしてプロジェクトが進みます。計画（プランニング）は、最初に見通しを立てるために必要なものです。顧客から要件を聞く、要件を満たせるような設計を行うという形で順序よくWBS（→Section 11）を抽出し、それらが終わる時期を計画として見極めます。あるいは、リリース日が決まっていれば、それに見合うかどうかを事前に計画を立てながら考えていく必要があります。

　当然、計画を立てたからといってその通りに物事が進むわけではありません。途中で計画を見直す必要もあるでしょう。これらは、ガントチャート（→Section 17）やPERT図（→Section 17）を使ってシミュレーションをすることになります。計画を修正する手法はアジャイル開発と同じものを使えるでしょう。

　本書はアジャイル開発の解説が主目的なので多くは解説しませんが、ウォーターフォール開発方式が「計画」を中心してプロジェクトを進めるのに対して、アジャイル開発が目の前の状況に対して「機敏」（アジャイル）に対応することを主目的にしているところに違いがあることに注目します。

　逆に言えば、変化の少ない場面では「計画駆動」のノウハウを扱い、変化の多い場面では「アジャイル開発」のノウハウを使えます。どちらもソフトウェア開発プロジェクトですから、多くの他業種のマネジメント手法も流用できます。

注1.1　**参考**：Winston W.Royce, Managing the development of large software systems: concepts and techniques | Proceedings of the 9th international conference on Software Engineering
https://dl.acm.org/doi/10.5555/41765.41801

政治的な問題に対応する

　とかくプログラムは論理の塊なので、その構造あるいは設計が「正解」なのか否か議論の的になりやすいです。間違ったことを避け、正しい答えを求めて探索して、正解に至るように努力をします。できることならば、作成する製品やシステムの最適解を求めたいところですが、現実のプロジェクトのようなさまざまな要因が絡む場合には最適解とは言い難い結果に陥ることもあります。これが「政治的な問題」です。

　議論をしているときに、どこかに正解があるならば双方の意見の合意が得られるでしょう。詳細なレビューを行う、かつての事例を探すなど、チーム内で協力をして唯一の正解に辿りつき、その正解を取り入れることがシステムにとって最高であることは間違いありません。自然科学のように、探索の先に正解があると思いたいものです。

　しかし、機械学習が示した通り、ある一定の場（環境やフレームとも言います）で最適な解を求めたとしても、別の要因が場に加わった場合にはそれが最適解にならないことがあります。場に強く依存すれば最適化のし過ぎとなり、「過学習」と言われる現象になります。

　プロジェクト予算の突然の減額、スケジュールの強引な変更、社長のひと声による要件の大幅な追加なども踏まえて、ソフトウェア工学の範囲外の要因（実は、それらは現実に対処しながらシステムを形作るという意味での「ソフトウェア工学」の範疇かもしれません）に対してプロジェクトが潰れぬよう、プロジェクトメンバーが潰れぬように配慮が必要になります。それは「妥協」とは言わず、新たな要因を場に加えたときの最適解の探索と言えるものです。

Chapter 2

スクラムとXP

本章では、主要なアジャイル開発のスタイルと
して「スクラム」と「XP（エクストリーム・プロ
グラミング）」を解説します。それぞれプラク
ティスという形で、実践的な手段が組み込まれ
ています。アジャイル開発では複数のプラク
ティスを連携して行うことが求められます。

スクラムのチーム・価値観

アジャイル開発のスクラムは、日本の会社で培われていた価値観の共有がベースになっています。知識創造企業でたとえられたラグビーのスクラムの概念は、メンバーの力を結集することと、目標を明確にすることを暗示させてくれます。

スクラムの祖先

アジャイルソフトウェア開発**スクラム**の呼び名は、ラグビーのスクラムからきています。複数名でがっちりと組んで仕事をこなすというスタイルは、実は野中郁次郎・竹内弘高の論文「The New New Product Development Game」（1986年）が初出と言われています[注2.1]。

たいていの場合、別の分野の何かをそのまま取り入れるのはリスクがあるのですが、ラグビーチームの「スクラム」の姿勢に限ればアジャイルに取り込めます。数名の逞しいラガーマンが肩を組み、相手チームとがっちりと組んで相互に押し合うという姿は、アジャイル開発での「スクラム」がチームワークを重視し、外敵の防波堤としてのスクラムマスターを置くという力強いイメージと一致しています[注2.2]。

価値観の共有

スクラムが最初に世の中に出てきたときに「価値観の共有」が第一に言われました。アジャイルソフトウェア開発宣言でも言われている通り、顧客と開発者チームの協調（あるいは共闘）を目指すのと並列に、スクラムでは開発チームの中での「価値観の共有」が大切に扱われています。

日本の会社ではかつて、社員旅行や社員運動会などが多く開かれ社内での価

注2.1　https://hbr.org/1986/01/the-new-new-product-development-game
注2.2　聞いた話ではありますが、スクラム提唱者のケン・シュエイバーもマッチョな感じで、彼のスクラムマスター研修もマッチョな感じだそうです。

値観の共有が多くなされてきました。『知識創造企業』[注2.3]のスクラムの説明前後にも、この社員旅行などによる価値観の共有が挙げられています。

『知識創造企業』に登場するスクラムは当時の日本の会社をもとにしていますが、その根幹にある価値観の共有が重要になります。

スクラム開発が提唱されたとき、数名のチーム（基本的にアジャイル開発は数名でチームを組むことが多いです）は相互に不干渉を貫くのではなく、できるだけ干渉をする＝コミュニケーションを密にとる、ことが条件となっています。これは、ウォーターフォール開発のように仕様書を媒介とした形式的なコミュニケーションよりも、会話などを中心とした暗黙知的なコミュニケーションのほうが（あるいは「暗黙知的なコミュニケーションも」）チームの結束に有効であることを示しているためです。

スクラム開発のチームでは、ある程度仕事が忙しくなって納期が詰まってしまったら「チーム全員が徹夜しても構わない！」という価値観を共有することになります。チームとしての結束がスクラムには求められる、そしてそれをベースにした開発手法となっています。

ただし、スクラム開発が提唱されて20年ほどが経ち、スクラム開発の手法自体も変化しています。先ほどの「徹夜しても構わない」といった強い結束を求めすぎないスクラム開発も、実際にはあります。

○ **結束力を最大にするスクラム**

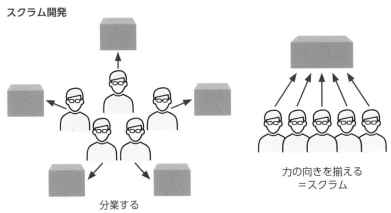

スクラム開発

分業する

力の向きを揃える
＝スクラム

注2.3 『知識創造企業』／野中郁次郎、竹内弘高［著］／梅本勝博［訳］／東洋経済新報社（1996年）

Section 05 期限の決定

ソフトウェア開発は非常に制御が難しいプロジェクトと言われています。しかし、現実の要件の変化に対して追随するだけがアジャイル開発の手法ではありません。期間に区切りをつけて細かく目標を立てていきます。

スプリント期間を決める

　アジャイル開発にすると「できあがったときが納期」のように感じる人が多いようですが、それは違います。スクラムでは細かく納期を決めて、短期間で走り抜ける**スプリント期間**を設けています。

　スプリントは、その名の通り陸上競技での短距離レースを表します。短距離レースは、長距離のマラソンとは違い選手が全力疾走をします。400メートル走であれば体力を温存する必要はなく、一気に走り抜けることが求められるでしょう。

　ここで走り抜けるという言い方をしましたが、実際は2週間の納期を何度も繰り返します。つまりは400メートル走を何度も繰り返すというものに近いです。スプリントの名の通り、短距離走を何度も繰り返します。2週間という期間で区切り、最終的な納期（プロジェクトの完成）を目指すことになります。プロジェクトの全体の期間は、数回あるいは十数回のスプリントを駆け抜けた先に設定されます。

　スプリント期間は、短すぎても長すぎてもいけません。概ね2週間が推奨されています。次の条件を満たせば、長くしても短くしてもよいと考えられています。

- 1つのスプリントの成果物がまったく無駄になってもよい
- 1つのスプリントで明確な成果を出せること

　たとえば、スプリント期間を1日という短い期間に設定したと仮定しましょ

う。無駄になってよい期間（1日間）としては問題がなさそうですが、明確な成果物を求められるという点ではどうでしょうか。何らかのマシン障害やトラブル、難解なバグが発生したときには2、3日程度かかることもあるので、成果を出す期間として1日では短すぎます。

　逆に、スプリント期間を1年としたと仮定します。1年間あれば研究課題でも進めそうな気がしますが、無駄にしてもよい時間として1年間は長すぎます（人生においては短いですが）。

　このため、休日などを挟んで2週間前後（1週間、あるいは1ヶ月弱）であることが多いです。

○ **無駄になってもよいスプリント期間**

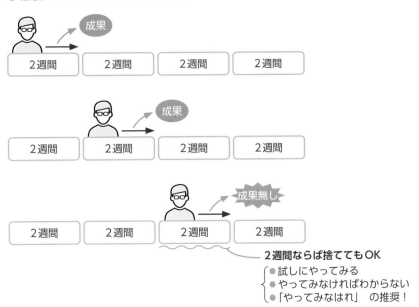

基本的にスクラム手法で使われるスプリント期間は、プロジェクトメンバーは専業ということになっていますが、オープンソース開発のようにその他の仕事と平行で作業する場合にもスプリント期間が設けられます。

　このとき、スプリント期間は3ヶ月のように長く設定されることが多いです。個々人の作業を集めて1つの成果とするタイミングを**ロードマップ**という形で

提示します。ロードマップは利用者にとって情報であると同時に、各メンバーのよい共通の目標となります。同じ目標を持ち、期限に対して明確な成果を出せるように各作業を進めることで、世界中に散っているメンバーでもプロジェクトを成功させることが可能になります。

完成予想図を変更する

　ウォーターフォール開発で問題となるのは、最初に計画していたスケジュールは、完成予想図がプロジェクトが進む間にずれてしまったときに修正しづらいということです。これは開発側でも顧客側でも同じことが言えます。

　顧客側にすれば、最初に要件定義でかっちりと決めねばならず、1年後のプロジェクト完了後の予想図をきっちりと作成するのはなかなか難しい。難しいゆえに、途中で「仕様変更」を何度も出したくなってしまうし、実際問題として「仕様変更」は多いものです。

○ **達成できない理想から達成できる目標へ**

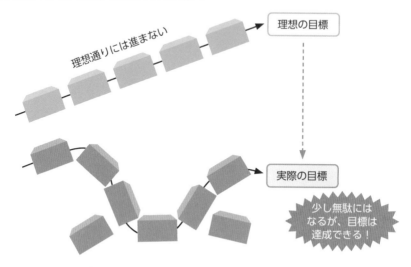

理想通りには進まない

理想の目標

実際の目標

少し無駄にはなるが、目標は達成できる！

　開発側にしても、プロジェクトの開始時に使っていた手間暇の多いライブラリーを使い続けるよりも、プロジェクトの途中に発表された最新のフレーム

ワークを導入したほうが効率よく開発ができることもあります。しかし、要件定義書として契約されたライブラリーや機能要件などを曲げることはできず、やむを得ず効率の悪い開発を続けなければいけないことが多々あります。

これは、顧客側にとっても開発側にとっても悪い選択です。

こうした問題を解消するために、プロジェクトの方向転換のタイミングを2週間というスプリントの終わりに設定します。新しいフレームワークのテストや状況の変化を見るプロトタイプなどの作成に、2週間という「無駄になってもよい期間」を設定します。いわゆる試用期間を設けられます。

同時に、スプリント期間を超えて開発や成果を持ち越さないようにします。だらだらと最新のフレームワークをいじっている暇はありません。どこかで切り上げて止む無く現状の効率の悪い（と思われる）ライブラリーを利用する決断をする必要もあります。このため、スプリントのエンドに向かって納期が設定されています。これは、いわゆる**タイムボックス**（→Section 31）を決めて、スプリントのスタートとエンドを決める方法と同じになります。

現実の変化に対応するということは、2つの価値を比較しています。

- 未完成を送り出すよりも、手間をかけて完成度を高めたほうがよい
- 何かを切り捨ててでも、時間に間に合わせたほうがよい

「スケジュール通りに進める」ことが目的なのではなく、「価値あるものを創出する」ための開発手法と言ってよいでしょう。

バックログの作成・顧客との調節

バックログとはつまり仕事リストです。スクラム方式では、2つのバックログ（スプリントバックログとプロダクトバックログ）に分けます。スプリントバックログでは期限を明確にし、プロダクトバックログは顧客の意向を優先します。

バックログは「やることリスト」

バックログは、いわゆる「やることリスト」です。**ToDo**リストと言ってもよいでしょう。ただし、通常のToDoリストと異なるのは、

- スプリント期間で期限が決まっている
- スクラムマスターあるいはプロダクトオーナーにより優先度を決める

という条件です。

通常のToDoリストでは、あまり期限を設定しません。設定したとしても今日中に終わらせるか、今週中に終わらせるか、いずれ終わるかもしれないとの違いしかありません。

一方で、スクラムのバックログ（**スプリントバックログ**）ではスプリント期間内に終わらせるタスクがリストアップされています。スプリント期間内には終わらないもの、あるいは次のスプリントで開発するものは、当スプリントのバックログには含みません。

スプリントで消化するタスク（完了させるタスク）は、スクラムマスターが決めます。

もう1つ、顧客（＝プロダクトオーナー）が作成するToDoリストがあります。これを**プロダクトバックログ**と言います。プロダクトバックログは、ウォーターフォール開発でいうところの機能要件のリストと考えてよいでしょう。プロダクトオーナーは、顧客であり利害関係者であり本プロジェクトの出資者になります。スクラム開発チームが製作する製品（コードや生成物）に対して何らか

の注文を付ける権利をプロダクトオーナーは持っています。ゆえに、プロダクトバックログの優先度を、プロダクトオーナーは自由に付けられます。追加や削除も自由です。

○ プロダクトバックログ

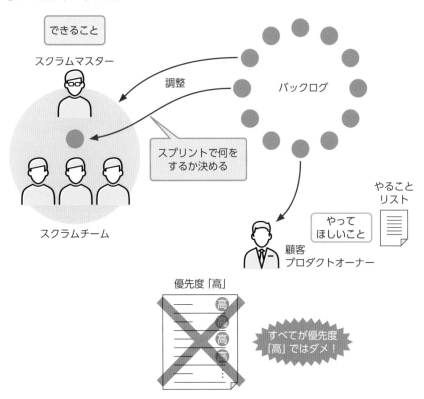

　ただし、顧客の作成したプロダクトバックログが、そのままスクラム開発チームが使うスプリントバックログに反映されるわけではありません。開発チームのリーダー役であるスクラムマスターは、顧客の提示したプロダクトバックログの何をスクラムのバックログに入れるか、あるいは入れないかを精査し、スプリントバックログに取り込むための優先度をプロダクトオーナーと相談します。そして開発サイドの責任で、スクラムマスターがバックログの項目の追加や優先度を制御します。

開発チームのバックログ、つまりスプリントバックログは、スクラムマスター
やチームのメンバーが決めたならばその優先度通りに消化していきます。その
他の開発順序は自由でかまいません。どのタスクを先に消化すれば、次のタス
クが効率よく行えるなどのPERT図（→Section 17）的な視点からタスクを消化
していくほうが効率的でしょう。しかし、どのタスクが最初に終わろうが、ど
のタスクが最後に終わろうが、最終的にスプリントの期間内にすべてが終われ
ばよいのです。PERT図やガントチャート（→Section 17）などでタスクの詳細
な前後関係を決める必要はありません。タスクの実行順序を正確に決める必要
はなく、おおざっぱにスプリントの期間中に終了することだけを目標とします。
　終わらなければ、チーム一丸となって、チームの総意をもって徹夜なり残業
なりを行うことが原則です。ここにチームの統一された価値観が必要となって
きます。

顧客との調節

　スクラム開発チームにおいて、スクラムマスターはチームのリーダー的な役
割と同時に、顧客との渉外的な役割もこなします。いわゆるプロジェクトマネー
ジャー的な役割を兼ねることが多いでしょう。一般的なプロジェクトマネー
ジャー（あるいはプロダクトマネージャー）はプロジェクト管理などの金銭的
な面も背負うことが多いため、プロジェクトリーダーと分離させることが多い
のですが、スクラム開発のプロダクトマネージャーはチームを率いるための
リーダー的な役割も担うため、スクラムマスターとして一本化させておきます。
　「渉外」というのは、外部、この場合は顧客・プロダクトオーナーとの調節
係です。金銭面の交渉もあれば契約面の交渉も扱う、タフなネゴシエイターを
想像しておくとよいでしょう（ケン・シュエイバーがマッチョな体形をしてい
るのは、ネゴシエイター役を円滑に担うための武器かもしれません）。ひとまず、
「契約よりも協調」とはいえ、やはり共闘をするためには何かと戦うための道
具立てが必要でしょう。これがスクラムマスターの基本スタンスです。
　防護壁としてチームを守るという役目をスクラムマスターは負います。同時
に、プロジェクトが崩壊しないように顧客とうまく協調していかねばなりませ
ん。少なくとも、スクラムマスターは一般的なプロジェクトマネージャー

（PMBOKが定義するところのプロジェクトマネージャー）よりも開発チーム寄りであり、開発チームを守る役割を担うことになります。顧客の無理な要求、つまりはプロダクトバックログの無為無策な増加やスケジュールの無理な短期化に対抗する必要が、スクラムマスターにはあります。

○ スクラムマスターは調節役

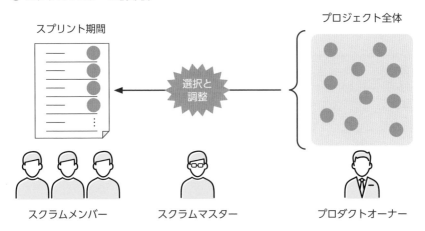

○ スクラムマスターは防護壁でもある

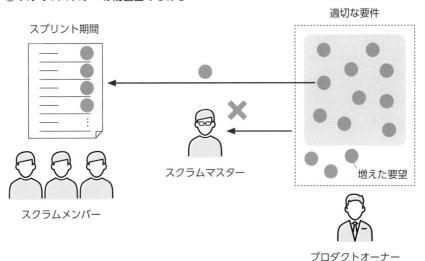

Section 07 単体テストの自動化

> ソフトウェア開発にテスト工程は欠かせません。単体テスト、結合テスト、システムテストのように工程が分かれますが、一番効率がよいのが単体テストです。単体テストを自動化することにより、コードを高品質に保てます。

回帰テストを行う

単体テスト（**ユニットテスト**）を自動化することは、**XP**（**エクストリーム・プログラミング**）の重要なプラクティスの1つです。これと同時に、単体テストを行うためのフレームワーク（xUnitと呼ばれる）は、ケント・ベック著『テスト駆動開発』[注2.4]で示される通り、他の開発プロセス（計画駆動、イテレーション開発、スクラム開発など）でも有効に機能します。

テスト工程にはさまざまな段階があり、**PMBOK**には単体テスト、結合テスト、運用テスト、システムテストなどのプロセスが書かれています。ここでは主に単体テストや結合テストを扱います。

単体テストと結合テストの違いとしては、「粒度」と捉えればよいでしょう。単体テストはオブジェクト指向であればクラス単位、関数型言語であれば関数単位、ドメイン駆動であればドメイン内で閉じているものなどと考えます。一方で、結合テストはWeb APIなどの活用や外部システムとの結合など、複数のシステムやクラスとの連携があることを考えます。

まずは、昔の単体テストの方法は人手であったことを思い出してください。

- プログラムのコードを書く
- プログラムのコードのテスト仕様書を書く
- プログラムを動かしてテスト仕様書と比較する
- テスト仕様書から外れていたら不具合票を書く

注2.4 『テスト駆動開発』／ケント・ベック［著］／和田卓人［訳］／オーム社（2017年）

- 不具合票を受け取ったら、設計や仕様をチェックしてコードを修正する
- 修正したコードを再びテストする
- テストが合格したら「合格」の判子を押す

　最近では不具合票（バグトラッカーなど）を使って効率化をしていますが、xUnitなどのフレームワークを使わない場合は、上記のような開発とテストのサイクルをぐるぐると回すことになります。

○ テストサイクルの自動化

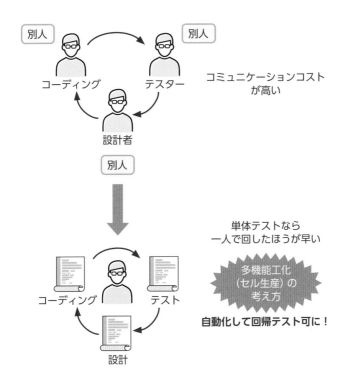

人手でこのサイクルを回すのは大変です。プログラムのテストを手作業で行い、バグが出たら不具合票を書き、不具合票を見てコードを直したら再びプログラムをテストします。他の修正コードがあれば、関連性のありそうな部分は再び手作業でテストをすることになり、不具合があれば不具合票を書き、不具

合票に沿ってコードを直し、再び単体テストを行います（繰り返し）。大変そうですね。

このテストのサイクルを自動化する、かつ何度でも繰り返すことができるようにしたものが**回帰テスト**です。XPの場合、テスト駆動という形で「テストコードを書く」ことが最初の手順として決められていますが、厳密性を求めなければ、必ずテストコードを先に書かなければならないわけではありません。テストコードを先に書いたほうが、不具合に対処するであろうコードが少なくなるという可能性を示すものでもあり、コードを書いたけれどもまったく動かしたことがないという不安から解消されるための心理的安全性が確保される手段とも言えます。つまりは、ぜひ試してほしいプラクティスです。

回帰テストに適したコードを書く

実は、回帰テストに適したコードと回帰テストに適さないコードというものがあります。テスタビリティとも言われます。後者の場合は、無理にテスト駆動にしないほうがよいでしょう。あるいは、テスト駆動自体が不可能な場合には、無理に回帰テストの手法を組み込む必要はありません。

とくにユーザーインターフェース（UIテストやユーザビリティテスト）をテストコード主導で仕切るのは非常に難しいです。昨今ではブラウザ上のUIテストを自動化するツールも登場していますが、初手としてはもっとシンプルに、「テスト駆動に適したコードを書く」ことをお勧めします。

ここでテストコードに適していないコード例を列記しておきましょう。

- UIにインラインで書かれた（ラムダ式などで書かれた）コード
- プログラムを動かすのに複雑な初期設定が必要なコード
- プログラム実行時に外部システムに接続が必要なコード

回帰テスト手法が世の中に出回ったとき、外部システムへの接続や利用するデータベースなどは、**モック**（→Section 21）を作ることで回帰テストを行うことが推奨されていました。しかし、単体テストの手始めとしては処理が重すぎると思われます。

　もっとシンプルに、オブジェクト指向のクラス単位で閉じるような単体テストの利用が望ましいです。それ以外は自動化が難しいので、別途フレームワークや既存のモックなどを利用した方法を考えます。

　テスタビリティの高いコード、つまり回帰テストのやりやすいコードの範囲を広くするだけでも、コードの品質は上がってきます。テスト駆動開発のようにテストコードを先に書く厳密な方法を用いなくても、コードを書くときに楽にテストができる範囲を広げるという回帰テストの活用が効果的です。

○ テストの作りやすさが生産性に寄与する

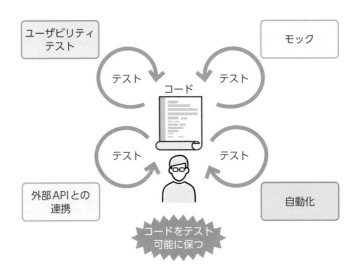

　もともと、設計を紙に書き、机上でレビューをした後にプログラミング言語でコードとして書き起こし、コンパイルエラーを取り除き、ビルドをした後でもなかなかシステムでの動作が確認ができなかったのがソフトウェア開発の難しさでした。ちょっとしたコードの変更を嫌ってしまうのは、実際に動かしていないからとも言えます。

　ならば、ライブラリ単位やクラス単位で実際に動作させて目で確認できるようにしたらよいのではないか、というのがテスト駆動開発の発想の原点です。動かせないコードをいじるよりも、動かしてリトライ＆エラーを繰り返すことができるテストコードとのワンセットは手早く試行錯誤できます。

ペアプログラミング

一人でコーディングを行うところをペア (二人) で打つと、単位時間での一人あたりのコード量は半分になりますが、品質は上がります。ピンポイントにペアでプログラミングすることにより、暗黙知の伝達や思い込みを防ぐ効果があります。

ドライバーとナビゲーター

コードを書くという行為は一人で行う、というのが**人月換算**の前提条件です。このため、二人で1つのモニターに向かってコーディングを行うと、人月換算がずれてしまいます。

このような、「一人月で何ステップのコードが書けるか？」「全体で何ステップのコード量と見積もれるので、割り算をして何人月かかるだろうか？」という発想からは**ペアプログラミング**というコーディングスタイルは出てきません。ペア (二人) でコーディングをするということは倍の時間がかかってしまうので、単純に倍のコード量を書けるという想定でないと人月換算ができないためです。

アジャイル開発が日本で紹介され始めた当時、ペアプログラミングを勧めていると「コーディング量が倍になるのか？」とよく聞かれたものです。はっきり言ってコード量は倍にはなりません。むしろペアプログラミングを行ったとしても、コーディングの単純スピードは一人でやるよりも遅くなります。

では、なぜペア・プログラミングを推奨するのでしょうか？

理由は簡単です。プログラムをコーディングしているときに間違いがゼロになることはありません。仕様や設計の読み違いもあれば、コーディングするときの思い違いもあります。以前ペアプログラミングが推奨された頃は、今ほどコード補完機能が優秀ではなかったので、タイプミスなどもありました。一人で確認するよりも、二人で再確認するほうが間違いは少ないだろうということです。

ペアプログラミングでは、コードを入力する**ドライバー**と、後ろでコードを

見て意見を言う**ナビゲーター**に役割分担します。たいてい、ナビゲーターのほうに年配者を据えることが多いのですが、ときどき交代します。当時は1つのパソコンを二人で共有するために、キーバインドやエディタの好みなどの問題がありましたが、これは本質的なものではありません。後述しますが、最近のペアプログラミング環境では、リモート環境で同じコードを共有する、オンライン会議機能を使った方式などにより当初の障害が取り除かれています。

○ **ペアプログラミングの効果**

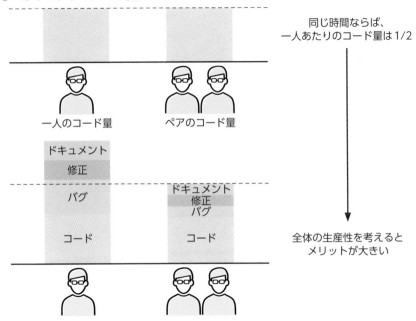

最終的に製造時のコードの品質が上がればよいのです。

なお、コードの品質というと意味が広すぎるので、ここではコーディングを行うプロセス（＝ ISO9001 での製造プロセス）に限定しておきます。この場合、製造時のコードの品質というのは、単純に人月換算のコード量の増減だけを意味しません。

- コードを打ち込むときの単純ミスが減る
- テスト工程に入ったときに、コードを知る人が二人に増える。あとで修正

する人が一人ではない
- リファクタリングするときにコードを修正できる人が複数になる

　開発では、一人でコードを抱えてしまうというリスクがたびたび発生しますが、ペアプログラミングによりそのリスクを大幅に減らせます。

　ただし、すべてのコーディングにおいてペアプログラミングをすれば作業効率が上がるというわけではありません。コーディングという作業は、個人の能力を最大限に引き上げる**セル生産**的な要素もあり、昨今の開発環境ではGitHubを使った若干の時間差のあるコード共有でも十分な効果が得られます。

　また、ペアプログラミングは有効な手法ですが、精神的に疲れる作業でもあります。2時間程度などの時間を決めて、集中的に行うのも効果的です。

コパイロット（Copilot）の利用

　GitHub Copilotを始めとして、コーディングにもAI機能が利用されるようになってきました。AIといっても、本格的な汎用人工知能やPrologなどを用いた論理型プログラミングとしてのAI、帰納法的な推論をさせるChatGPT方式のAIなどがあります。執筆時点では、ChatGPT方式が流行しています。

　こうなると、ペアプログラミングの状態も従来のものからかなり変わってきています。人とのペアでなく、AIとのペアプログラミングもあるでしょう。

　もともと、遠隔地にいる人とのペアプログラミングや、オープンな場でコーディングをするモブプログラミングという方法も編み出されてきました。エディタやIDEが単純にコードを記述するためだけのソフトウェアではなく、通信や適当なWeb APIの呼び出しを行える昨今だからこそ実現できている機能と言えます。

　コパイロット（副操縦士）という比喩は、ペアプログラミングでいう「ナビゲーター」にあたります。旅客機を操縦するときのパイロット（操縦士）が「ドライバー」だとすれば、予備とも言えるコパイロットの存在は補佐役たるナビゲーション機能を有効に働かせることになります。

○ ペアプログラミングの視点

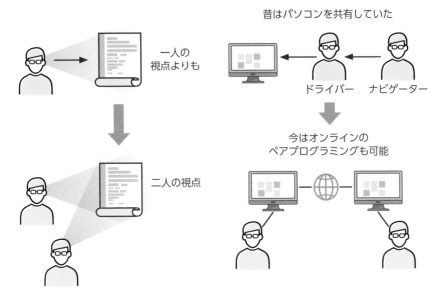

少なくともペア・プログラミングの大きな利点として、

- 相談をしながらコーディングが可能となる
- 複数の視点から思い込みのコーディングを防げる

というものがあります。AIが導き出すコードをコピー&ペーストして進める方法は、厳密にはペアプログラミングとは言えませんが、AIが提案するコードを適宜修正しながらコーディングをする、あるいは自分で書いたコーディングの穴を見つけてくれる（AIが導き出すコードと比較する）ことは非常に有用でしょう。

　コパイロットが勧めてくれるコードは、素直な読みやすいコードが多いものです。変数名や関数名を素直なものにしておくと、コードの可読性が高まります。

　もちろん、すべてを鵜呑みにすることはできないため、テストなり動作確認は必須になります。

Section
09

継続的なコードの改善

かつて、完成したコードは長い間手を付けずに運用するのが普通でした。IT技術が世の中に広まった現在は、他から新製品／新サービスが登場したらそれに追随する必要があります。同じコードを使い続けることは何を意味するのでしょうか。

構成管理

「継続的な」というとSDGsを思い出す昨今ですが、まさしくサスティナブル（Sustainable）という意味で継続的にコードが改善できる状態を作ります。持続的あるいは継続的について考える前に、持続的ではない、あるいは継続的ではないコードを考えてみましょう。

- コードが書きっぱなしになっており、本番環境にしか残っていない
- コードを誰も修正しない
- 改善したいときにコードがどこにあるかわからない
- 不具合が起きてもコードをチェックできない

他にもたくさんの例を挙げられると思います。逆に言えば、これらのコードにまつわる話を解決していけば、継続的にコードを保守する体制が整えられると考えます。

かつては、コードの保守はローカルな構成管理ツール、あるいは**構成管理**の担当者が人力で行っていました。現在GitHubやその他のツールでオープンに管理されているコードを見ている人には信じられない話かもしれません。しかし、当時はコードを一元管理するために、追加するコード・修正するコードに逐一コメントを入れて、構成管理の担当者がおおもとのコードの変更依頼を作っていたものです。

このようにコードの変更に対するコストが高い状態では、現在のようなリファクタリングや手軽なコード修正などは無理な話です。よくも悪くも当時の

コードの修正は、コードの構成管理をする前に完璧に済ませることが必須となっていました。

　しかし、現在のようにGit（その前はSubversion、さらにその前はCVSやVSS）などのツールを使い、コードの差分やコードの分岐に対して作業コストが低く抑えられるようになると、後述するリファクタリングなどに対する状況はまるっきり違ってきます。

　さらに昨今のDevOpsのように、運用まで含めてコードの継続的な利用が可能となる仕組みが整えられつつあります。ここでは、構成管理の対象としてコード共有を主な対象にしていますが、システム構成図やネットワーク構成図といった、システム全体の構成図などもDevOpsでは構成管理として含めることになります。これはISO9001のシステム構築手順書や復元手順書などにあたります。

○ **構成管理の今と昔**

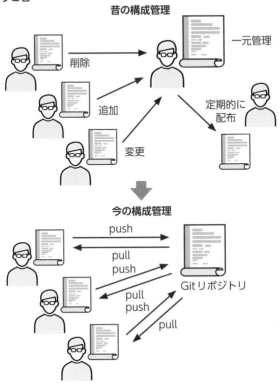

リファクタリング

リファクタリングは、その名の通り一度組み合わさって実行されているものを組み直す手法です。構成管理の技術が乏しかった時代には、リファクタリングなんて考えられません。動いているものはそっとそのままにして、動いている状態のままにしたほうがトータルコストは低くなります。変更するときのコスト、変更したときに動かなくなるコストのほうが高く、おいそれとはコードを変更できない状態になってしまいます。

● **後の修正を考えるコード**

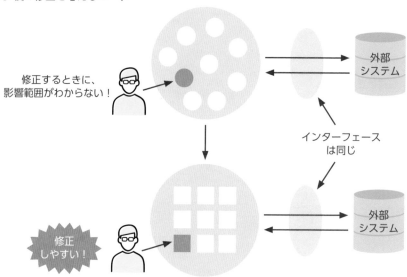

修正するときに、
影響範囲がわからない！

外部
システム

インターフェース
は同じ

修正
しやすい！

外部
システム

　これは、コードを変更したいときに（何らかの要件が変わったときに）変更できないという矛盾をはらんでいます。

　リファクタリングでは、複雑怪奇になってしまったコードを組み直します。しかし、現在目の前で動いているものを組み直したときに、また動くことをどうやって保証するのでしょうか。これはたとえば、目の前の時計を分解してもう一度組み立てたときに、時計が元通りに動くようにするためにはどうしたらいいだろうか？　という問題と似ています。

　リファクタリングは、テスト駆動開発の単体テストと一体にして使います。単純に処理を関数やクラスに切り出すだけを示すものではありません。組み直す前と組み直した後のコードが同じ動作をしていることを確かめるために、組み直す前にテストコードを書き、リファクタリングした後にそのテストコードが正常に動作するかを逐一確認できることが基本になります。

　ただし、構造（クラスや関数の構造）も含めて変更してしまった場合は、同じテストコードを利用できるわけではありません。構造が大きく変化する場合は、別な形でテストが必要になるでしょう。古いコード（COBOLやC言語など）から最新のコード（C#やKotlinなど）に移植する場合も、基本的にはリファクタリングの概念が利用できます。

　少なくとも、リファクタリングの前後で同じ動作をすることを保証する仕組みが、リファクタリングを利用するときに必要になるのです。

◎ 世の中に追随するためのコード改善

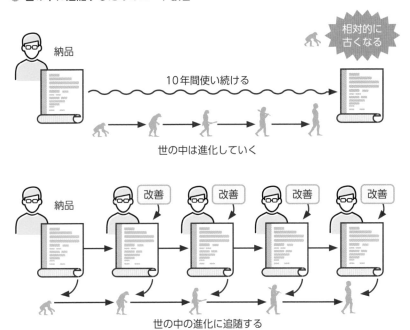

Section 10 コードの共有化

プログラムコードが主にアルファベットと記号で書かれていることは、知識共有に有利に働きます。知識を共有する際に「コードを読む」あるいは「読むことができるコードである」ことが、意思の伝達をスムースにします。

コードの共有

継続的なコードの改善のためには、プロジェクトメンバーに公開された構成管理ツールとリファクタリングが必須になります。

さて、もう一度考えてみてください。具体的に誰がリファクタリングを行うのでしょうか？　複雑怪奇になってしまった自分のコードを整理整頓することもあれば、他人のコードを整理整頓することもあります。自分のコードといっても、1ヶ月も経てば（場合によっては1週間で！）他人のコードのようにわからなくなってしまいます。ならば、どちらのケースも「複雑怪奇な「他人のコード」を整理整頓するのがリファクタリング」と言えるでしょう。

自分のコードであれ他人のコードであれ、アジャイル開発のチーム内では共有財産として扱うのがベターです。これは、ペアプログラミング（→Section 08）と同じで、誰かに解説可能なコードをキープし続けることが開発効率としてもよいことに起因しています。

自分のコードをさらにうまく活用してくれれば嬉しいでしょう。逆に他人のコードでも自分のアイデアをうまく盛り込めれば楽しいでしょう。IT業界では「Happy」という単語がよく使われますが、コードを共有しておくほうがHappyになります。「Are you happy?」は、単純に「これでいいか？」ぐらいの気持ちでよく会話に出てきます。

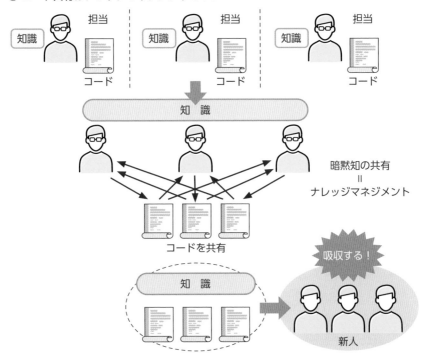

◉ コード共有はナレッジマネジメントの1つ

知識　担当　コード

知識　担当　コード

知識　担当　コード

知 識

暗黙知の共有
＝
ナレッジマネジメント

コードを共有

知 識

吸収する！

新人

誰かのコードを読む

　幸いにしてGitHubには優秀なコードがたくさんあります。GitHub Copilotで探してもいいのですが、各種の有名なOSSのリポジトリをダウンロードすると、いかにコードが整っているかがわかります。できれば、複数のコントリビューター（開発者）が関わっているコードを見てみてください。

　優秀なプログラマーだから綺麗なコードが書けるわけではありません。しかし、読みやすいコード（＝**リーダブルなコード**）を見ると、1つの法則が見えてきます。

　複数の開発者の手が入っているコードは、布地のパッチワークのようにバラバラなコードの組み合わせにはなっていません（布地のパッチワークは、それはそれで芸術的ではありますが）。インデントや各種のスペース合わせも統一的な要素ではありますが、コメントの付け方、各種フラグのチェックの仕方、

関数呼び出しや戻り値の設定などがファイル単位で統一されています。

　これは一人の開発者が最初のコードを書いた後、別の開発者がコードを追加したときにも同じです。後の開発者は前の開発者が「こういう風に書こう」と思った通りにコードを追加します。コードを追加する、あるいはコードを修正するときに、あたかも伝統的な壁の補修をするように以前の壁と同じようにコードを塗り重ねていきます。

　このようにすると、パッチワーク的な乱雑なコードではなく統一感のある(あたかも一人が書いたような) コードになります。

誰がためにコードを書く

　最初にコードを書いた開発者は、後に続く改修や設計まで完全には予想できません。しかし、完全には予想できないものの、過去の経験からデザインパターンなどを駆使 (インターフェースやファクトリーパターン、コマンドパターンなど) して、後々の拡張に備えます。

○ **読み手はコンピュータだけではない**

設計しやすく

プログラムコード

文法的に正しく
論理的に正しく

コンピュータ

修正しやすく

レビューしやすく

読み手は
コンピュータ
だけではない！

　プログラミング言語自身の拡張機能を利用することも多いでしょうが、古来より行われている「コメント」の効果が大きいのも事実でしょう。

　文芸的プログラミングほどではないにせよ、コメントを残しておく意義は大きいです。いくつかのOSSのコードを見るとわかりますが、定例的に行われ

る関数やクラスの前のコメントだけでなく、処理の途中に数行にわたる英語の
コメントが出てくることもあります。

- このパラメータの使い方を少し詳しく説明する
- この不思議な動きを少し詳しく説明する
- なぜかわからないがこうすると動くので、警告しておく

ひょっとすると1ヶ月後の自分のためのコメントかもしれません（筆者はよ
くやります）。長めのコメントを残しておくときはそれなりの意図があって残
しているものです。

実行プログラムはコードをコンパイルしたものだから、コードを読めばすべ
てわかる、というわけではありません。また、現状でもまったくコメントがな
いコードも存在しますし、比較的優秀なプログラマーでもまったくコメントを
残さない人もいます。しかし、自分の後に続く「このコードを修正してほしい人」
には、コメントで残したほうが親切ではないでしょうかという提案です。

コードを書くとき、無限に時間があるわけではありません。また、当時のさ
まざまな制約（言語やフレームワークなど）から、あまりうまくないコーディ
ングになってしまうときもあります。リファクタリングの機会があるとは限り
ませんが、過去の意図を道しるべとして残すのも1つの方法です。

○ **過去のコメントとリファクタリング**

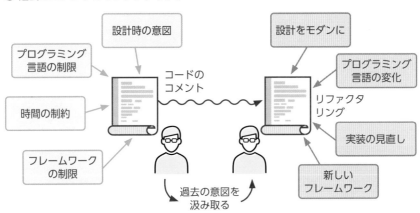

防護壁の役割

　アジャイル開発チームは、一定の「モラル」にて支えられています。モラルというのは集団の中の一定のルールであり、最低限の規範でもあります。一般的な社会とは違い、チーム内にチーム自身を壊そうとする人はいないでしょう。価値観の共有が重要なのはこのためでもあります。

　以前、IT業界で「クレド（Credo）」が流行った時期がありました。リッツカールトンでは、ホテルスタッフは行動規範をカード（クレドカード）にして常に持ち歩きます。クレドに反しない限り、ホテルスタッフの自由な裁量が可能になり、そのときの客に対しての最高のサービスを提供できる仕組みです。

　一般的に掲げられる社訓と異なり、制限ではなく、何か新しいことを行おうとするときの判断の軸となるのがクレドです。ホテルスタッフには一定の決裁権と裁量が与えられます。ホテルに滞在する客が困っていれば、上司に相談することなく素早く助けることができます。ただし、何でもよいというわけではなく、第一にクレドがあり、第二に裁量の範囲内という制限があります。この余裕がリッツカールトンの最高の顧客サービスであり、根幹となるものがクレドです。

　プロジェクトマネージャーやスクラムマスターは顧客とプロジェクトメンバーの間に立つ役職です。マネジメントに関してはさまざまな教本が出版されています。しかし、スクラムマスターの立ち位置は、第一に「顧客の無理な要求をチームに直接流さないこと」にあります。プロジェクト予算、プロダクトバックログ、スケジュールの調節など、渉外を一手に引き受けるスクラムマスターはちょうどダムであり防護壁の役目を担います。

　無理難題であっても、チームの意欲と挑戦的な活動によって解決に進むならばそれで構いません。それもスクラムの原動力です。しかし、本当に無理であれば「無理です」とプロダクトオーナー（顧客）に伝えるのもスクラムマスターの役目です。もちろん、裁量の範囲であれば「もちろん、やりましょう」とも言えるのがスクラムマスターです。

Chapter *3*

チケット駆動の基礎

チケット駆動はスクラムやXPとは異なり、定番の開発プロセスはありません。ただし、設計から実装へと計画的に進められるウォーターフォール方式とは違って、チケットを壁に貼るなどして進捗管理をする手軽なアジャイル開発方式です。

Section 11 チケットの抽出

チケット駆動では、仕事を行うためのチケットを抽出する作業が重要になります。チケットの抽出方法は、WBS方式、ToDo方式、GTD方式などがあります。どちらもすべてを出し切るのは難しいため、後で追加することを想定します。

チケットとは

チケット駆動は、スクラムやXPのように創始者がいるわけではありませんが、一定のルールがあります。

- チケット（作業内容、予想作業時間）を書く
- チケットを貼り出す
- 開発者は作業を行うときにチケットを外して作業中にする
- 開発者は作業が終わったときにチケットを完了にする

ルールは非常に簡単なものです。

チケットには、作業内容と予想時間が書いてあります。予想時間が書かれていない場合もあるのですが、これはだいたい1日以内あるいは2、3日でできる作業など、短期間にできあがる作業量に絞り込んでおきます。目安として1日で終わる範囲にとどめておくのは、

- いつまでもチケットを抱えてしまうことを防ぐ
- 1日に1つ以上のチケットを消化したという達成感を持つ
- スケジュール予測に対しては一定量のチケット数が必要

という理由があります。

チケット駆動の場合、誰がどのチケット＝作業をしているのかが明確になります。チケットを持っている＝作業中、チケットを再び完了の位置に貼る＝完

了タスクとしてカウントする、という行動がチームのモチベーションにも繋がります。

　ただし、大量のチケットを積み残してしまい、絶望的な状況に陥る負のスパイラル要因もあるので注意が必要です。

○ **チケットを書き出す意味**

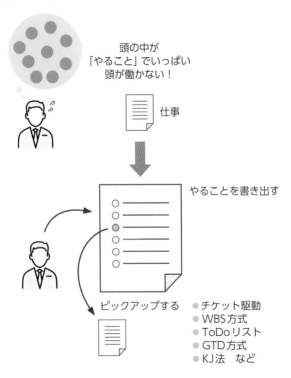

頭の中が
「やること」でいっぱい
頭が働かない！

仕事

やることを書き出す

ピックアップする

● チケット駆動
● WBS方式
● ToDoリスト
● GTD方式
● KJ法　など

　チケットを抽出する目的として、プロジェクトでやるべきことを視覚化する意味がありますが、全体量の把握、現在見えている部分の把握（あるいは見えていない部分の把握）、これから増加しそうなチケット数をどこまで許容できるかの把握などといった目的もあります。プロジェクトの初期におけるチケット抽出は概算であり、アジャイル開発であればこそ、チケット数は正確には求められないという前提があります。

WBS方式

WBS（Work Breakdown Structure）は、PMBOKに記述されているタスク処理法の1つです。トップダウン式に作業工程やプロセスを分解して、最終的に作業可能なタスクに落とし込みます。各タスクは、ガントチャート（→Section 16）を作成するときの元となるものです。このWBSをチケット駆動のチケットとする方法もあります。

きちんと作業分解されたWBSであるならば、すべてのWBSが作業完了となったときにプロジェクトが完了することになります。ただし、「きちんと、作業分解されていれば」の話です。現実問題として、プロジェクトの初期の時期にすべてのWBSを作成することは不可能です。同様にチケット駆動でも、プロジェクト初期にプロジェクトで消化すべきチケットをすべて記述することはできません。

つまり、チケット駆動にせよWBS方式にせよ、変化に対応するためのアジャイル開発であるならば（変化に対応せざるを得ない開発方式としてアジャイル開発を選ぶならば）、プロジェクトの途中でチケットあるいはWBSは増えざるを得ません。これに対応することが、プロジェクトには求められます。

● タスクの抽出方法

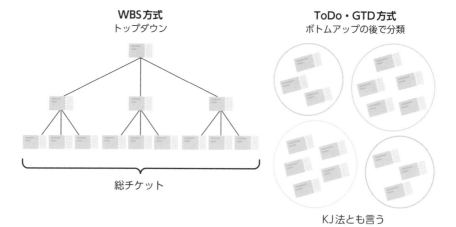

WBS方式
トップダウン

ToDo・GTD方式
ボトムアップの後で分類

総チケット

KJ法とも言う

ToDoリストとの違い

　チケット駆動で使われる「チケット」は、**ToDoリスト**に似ています。ToDo
リストは、たとえばスーパーに買い物に行ったときに買いそびれが無いように
あらかじめ出しておく作業のリストのことです。

　IT業界で使われるToDoリストは、ときに優先順位を付けられ優先度が「高」
いほうから作業をすることを求められます。すべての優先順位が「高」になっ
ているToDoリストさえあります。一般的に、ToDoリストの優先順位はプロジェ
クトのリーダーやマネージャーが付けることが多いのですが、顧客にとってそ
れが本当に正しい優先順位なのかを確かめるすべはありません。

　このため、チーム内の個人の作業用としてのToDoリストは有効なのですが、
チーム全体で共有するためのToDoリストや顧客と共有するためのToDoリスト
はもう少し厳密な形で整備しておいたほうがよいでしょう。ときには課題表と
いう形で管理されています。

GTD（Getting Things Done）の応用

　タスク管理方法として、**GTD**（Getting Things Done）という手法があります。
もともと個人用のワークフローの手法ですが、プロジェクト管理にも応用がで
きます。

　ToDoリストの場合は項目ごとに優先度を付けるため、タスクが多くなると
この優先度を付けること自体が大変な作業になってしまいます。このため、多
忙な中で仕事のタスクを抽出しようとしているときに、個人レベルではタスク
をこなす時間が減ってしまい本末転倒です。

　GTDではタスクを抽出すること（やらなければいけないこと、気になってい
ること）に集中します。タスクを出した後、直近に手を付けなければいけない、
つまり、現在できることから順次作業をします。開発プロジェクトとしては、「や
らなければいけないこと」＝「プロジェクトで作成する設計書やコード、ある
いはテスト」となるため、できることから順にやることによって自然と優先度
が付きます。

Section 12 作業するチケットの決定

プロジェクト全体のチケットから、今日やるチケットを選び出します。とくにマイルストーンが決められていないならば、優先順位は問いません。チケットの完了が明確になるように、タスクの区切りを1日以内にしておくと便利です。

本日の締め切りを決める

開発者に平等に与えられるリソースは時間です。残業をしたり睡眠時間を削ったりして一時的に時間を増やすことも可能ではありますが、1日24時間という縛りは変わりません。

たとえば、勤務時間を8時間としたとき（20%ルール（→Section 48）を適用すれば6時間ぐらいですが）、今日中に終わらせられるチケットの上限は自然と決まってきます。チケットに書かれた予想時間にもよりますが、1日に2、3枚のチケットが消化できるのがベターでしょう。細かいタスク分けをしてもよいのですが、全体のチケットをさばくのが大変になります。

プログラムの不具合解消のように早く対処できるものもあれば、予想できないほど時間がかかってしまうものもあります。そのようなときは、比較的数の多いチケットを抱えたほうが作業を行うチケットの作業順序を変えられ、消化スピードを上げられます。

一般的な開発のタスクの場合、帰宅する定時までにタスクが終わることが望ましいでしょう。

本日のタスクを決める

チケット駆動では、自らが開発するチケットを壁からはがします。自らはがすということは、自分の責任で今日の仕事を決めるわけです。自ら決めるためには、

- 仕事のボリュームを測定する能力
- 仕事を終わらせる自分の実力を把握する能力

の2つが必要になります。仕事のボリュームは、チケットの文面に書かれている仕事量（クラス設計や関数レベルなど）から完了までの時間を予測します。リーダーやマネージャーがチケット自体に予測時間を書くことも多いのですが、実際にその時間でできあがるとは限りません。仕事量を事前に確認しておくためにも、チケットから類推できる仕事量は自分で考える癖をつけておきましょう。

　仕事量を予測するために、もう1つ必要な数値が自分の実力です。開発を行うとき、コーディングを行うときの自らのスピードを把握しておきます。開発スピードは、短距離走的なスプリントあるいはランニング的な長距離走のどちらでも構いません。何かの課題（タスク）があり、ストップウォッチを使ってスタートし、コーディングが完了するまで（あるいは単体テストが完了するまで）の時間を計測します。具体的には**パーソナルソフトウェアプロセス**の手法[注3.1]（→Section 31）を使いますが、厳密に計測しなくても構いません。このくらいの仕事のボリュームならば、とくにトラブルが無ければこのくらいの時間でできるだろう、と想像できるようにしておきます。

○ 仕事量の計算

チケット　　　　　　　　　　　開発スピード

タスクの仕事量　×　**仕事をこなすスピード**

　単純ですが、1の仕事量に対してスピードが1時間であれば、8時間勤務で8の仕事量のタスクがこなせます（途中に会議などが無ければ）。単位は、プロジェクト内で決めておくとよいでしょう。仕事量のボリュームとして、大を3、中を2、小を1というように大雑把に決めても構いません。細かな数値の違いは100件程度のチケット数では誤差の範囲に収まります。

注3.1 『パーソナルソフトウェアプロセス入門』／ワッツ・ハンフリー［著］／PSPネットワーク［訳］／共立出版（2001年）

Section 13 終わったタスクと 終わらないタスク

タスクの完了と未完了を明確にします。プロジェクトの進捗度合いを簡単に計算できるようにするため、タスク単位の進捗率はほとんど計測しません。これにより、中途半端なチケットを複数抱え込むことを防ぎます。

終わったチケットを完了させる

開発者がチケットをはがし、1日の仕事を終えて完了したチケットを「完了済み」のエリアに貼り直します。あるいは、そのまま捨てます。完了済みのチケットは、終わったこと確認するために少しの間貯めておいたほうがチームのモチベーションも上がります。

少なくとも、チケットが完了したのか、それとも進行中なのかを明確にします。紙のチケットではない場合には、「未着手」「進行中」「完了」の区別を明確にしておきます。

チケットの進捗度（10%、50%、80%、90%、99%など）は関係ありません。しいて言えば、未着手は0%、着手中は50%、完了は100%としておきます。チケット単位で「終わった／終わらない」で管理することによる便利さは、その都度の進捗度合いに人間の感情が絡まなくなります。誤差が出るような気がしますが、チケットがある程度多い場合や、1日で収まるような作業時間に収めると、進捗誤差はそれほど大きくなりません。少なくとも、1つのチケットに対して1日分（0%から100%まで）の誤差で収まります。

終わらないチケットを明日にまわす

本日中に終わらなかったチケットは、引き続き明日にまわします。作業が終わらなかったら、明日まで伸ばせばよいのです。

難易度によっては難しすぎるチケットがあります。それを取ってしまった場合は、1日のうちにチケットを消化できないでしょう。また、チケット作成時

に1日で終わらないような作業を割り振ってしまった場合も、1日でチケットを消化できない可能性が高いです。

チケット駆動では、終わらないチケットを無理に終わらせる必要はありません。スクラム開発のスプリントとは違い、一定期間内に終わらせるチケットを厳密に決めないところが、チケット駆動による開発スタイルのよいところです。

ただし、同じチケットをいつまでも「着手中」のままにしておくのは望ましくありません。そのチケットが終わったのか、終わっていないのかを判別できなくなってしまいます。

○ **チケットの完了と未完了を明確にする**

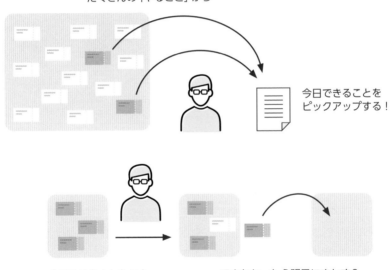

たくさんの「やること」から

今日できることを
ピックアップする！

今日やろうとしたこと

できなかったら明日にまわす？

保留となるチケット

一人の開発者が抱え込める仕事の量は決まっています。1日にできあがる開発量、テストの量、設計を考える時間など、1日という時間の制限がある限り、無限のチケットを抱え込むことはできません。

朝、仕事を開始して担当するチケットをはがすときに、メンバーが抱えてい

るチケットを確認します。いつまでも保持しているチケットがあったら、いったんチケットのボードに戻してしまいます。このとき、本人の技量や仕事ぶりなどは関係ありません。チームとして、そのチケットに取りかかるべきかどうかを再考するよい機会とします。

　チームとして、「そのチケットをいったん保留にしておく」ことも考えます。今、そのチケットに手を付ける必要があるのか、他のチケットを優先しなければいけないのではないか、を考えます。あるいは、それほど深く考えずに、いったん保留にしておくのもよいでしょう。

○ **自分の作業スピードを知る**

自分の作業スピードを把握する

　チケットに書かれているタスクの有無や優先度は状況によって変化します。少し前までは優先度が高いと思われていたチケットであっても、他のチケットを消化しているうちに、実は優先度が低くなっていることもあります。こうしたケースも含め、チケットの消化、つまり進捗度合いを優先することが無いように保留の枠を作っておきます。保留にしておくということは、今のところは気にかけないけれども、後でやるかもしれないという記憶の枠です。

不要になったチケットをはがす

　壁に貼り付けたチケットがいつまでも残っていることがあります。誰も取らない難しいチケットかもしれませんし、優先度が低いチケットかもしれません。実は、他のチケットによって解決済みになったチケットかもしれません。これらの雑多なチケットを**棚卸し**します。

棚卸しというのは在庫チェックの1つで、実際の倉庫内の品物数と帳簿にある在庫数をチェックする作業です。本来ならば、倉庫から1個出庫すれば帳簿から1個引かれるので、2つの数は合っているはずです。しかし、なぜか数がずれます。ずれる理由としては、倉庫内での廃棄（食品など）や破損（電子部品など）があり、倉庫内でそのまま捨てることがあるためです。また、盗難なども考えられ、倉庫内の品物の数が帳簿上の数と必ずしも合っているとは限りません。そのために、月に1回など定期的にチェックをします。これが棚卸しという作業です。

　チケット駆動のチケットや課題管理でも定期的に棚卸しをします。本来ならば、壁に貼ってあるチケットはやらなければいけない作業であるはずなのですが、時々不要になったチケットが貼ってあることがあります。チケット管理ツールやWebシステム、Excelなどの表計算ソフトで管理しているケースでも、不要になったチケットは紛れ込みます。

　計画段階で不要なチケットを排除することも必要ですが、それは完璧ではありません。いえ、完璧にするのは不可能です。そこで、定期的にチケットの状態を再チェックします。不要になったチケットがあれば、いさぎよくはがしてしまいましょう。総チケット数が変わってしまいますが、気にする必要はありません。進捗自体は後述しますがバーンダウンチャートで管理することになります。このとき保留になったチケットも考え直して、はがしてしまうとよいでしょう。

○ **チケットの棚卸し**

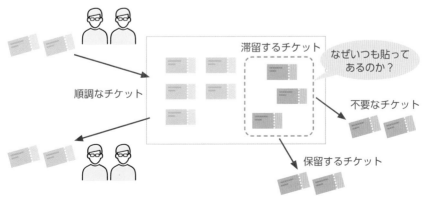

なぜいつも貼ってあるのか？

滞留するチケット

順調なチケット

不要なチケット

保留するチケット

Section 14 追加されるタスクの調節

チケット駆動に限らずアジャイル開発では、作業量の増加からは逃れられません。見込み違いのチケット増加もあれば、完成品の価値を高めるためのチケット増加もあるでしょう。ここでは無限ではないリソースの配分を考えます。

チケットを増やす

　減少するチケットもあれば、増えるチケットもあります。むしろ、プロジェクトを進めるにしたがってチケット（タスク）は増えていく傾向にあります。プロジェクトの最初に想定したチケット数よりもだんだんと増えていきます。

　ここで「想定したチケット数」という言い方をしましたが、実はチケット駆動での開発を行うときに全体のチケット数を決めることはありません。短期間のプロジェクト（疑似的なスクラム開発のスプリントのようなプロジェクト）の場合は、全体のチケット数を把握することは可能なのですが、数ヶ月あるいは半年以上に渡るような中長期のプロジェクトにおいて、プロジェクト全体のチケット数が事前に確定することはありません。不可能です。

　正確にはチケットが増えるというよりも、チケットがプロジェクトに追加される。あるいは、プロジェクトにチケットが追加され続けるということになります。

　すべてのチケットが「完了」になれば、プロジェクトも完了となるチケット駆動開発ではありますが、事実上プロジェクトが進んでいる間は常にチケットは増えてしまうものなのです。このため、チケット駆動では増え続けるチケットをどのようにさばくのかを日々考える必要があります。

はみ出すチケット

　順調にチケットが消化されていくならば、壁に貼ってあるチケットの数はほとんど変わりません。たまに数が増えたり減ったりする程度です。プロジェク

トが終わりに近づき、目的のシステムが完成に近づけば少しずつチケットが減っていくでしょう。プロジェクトが終わる頃にはチケットが1枚も無い状態になっているはずです。

○ プロジェクトの途中で仕事（チケット）は必ず増える

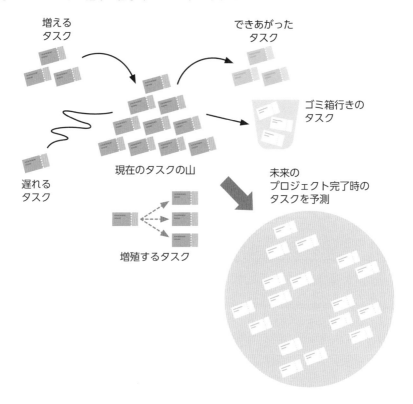

増える
タスク

できあがった
タスク

ゴミ箱行きの
タスク

現在のタスクの山

未来の
プロジェクト完了時の
タスクを予測

遅れる
タスク

増殖するタスク

しかし実際には、スクラム開発のスプリント期間やチケット駆動のマイルストーン（→Section 32、プロジェクトの完了日も含めます）と比較すると、消化しなければいけないチケットが増えすぎている状態が常でしょう。たいていの場合、チケットが増えることがあっても減ることはあまり無いからです。

チケットが多少増減することは構いません。途中で発行するチケットの数や内容が多少違っても、プロジェクトが完了する頃にすべてのチケットが終わっていれば問題無いのです。

チケットを消化するスピード、つまり開発スピードもプロジェクトの最初の頃よりは中間のほうが上がってきます。フレームワークの熟達度やプロジェクト内のコミュニケーションスピード（主に暗黙知の共有）が少しずつ最適化してくるためです。このため、多少チケットが増えたとしても、開発力の向上によりチケットの残量はほぼ一定に保たれます。

チケットの残量＝チケット数－チケットの消化数＋増えるチケット数

しかし、増えるチケット数が過剰になってしまえば、一気にチケットの残量は単調増加に移ってしまいます。

チケットの残量＞チケット数－チケットの消化数＋増えるチケット数

これが、予定からはみ出し始めたチケットになります。

遅れるチケット

壁に貼り出されたチケットが少しずつはみ出したチケットで埋められたとしても、まだ対処のしようがあります。

チケットの消化がファースト・イン・ファースト・アウト（FIFO）であるならば、はみ出したチケットも少し時間がずれますがいずれ消化された状態になります。つまり、チケットの内容に書かれたプログラムが作られている状態になります。このように、各プログラムが順々に作られている場合には問題がありません。チケットの**スループット**が保たれた状態になっているためです。

問題になるのは、滞留しているチケットの存在です。

はみ出しているチケットを定期的に見つけ出し、保留にするかいったん破棄をするかを決めます。将来的にやらなければいけないタスクであれば、WBSとして管理するとよいでしょう。遅れているチケットが本当に必要なチケットであるならば、チーム内で優先順位を上げるか、メンバーを追加することになるでしょう。

◎ **遅れるチケットは対処すべきか**

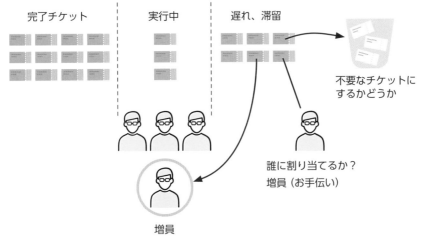

完了チケット　　　　実行中　　　　遅れ、滞留

不要なチケットに
するかどうか

誰に割り当てるか？
増員（お手伝い）

増員
プロジェクトメンバーを増やすか？

全体のチケット数を調節する

　チケット駆動やWBSを利用すると、プロジェクト内でのタスクが視覚化されます。チケットの内容や難易度はさまざまですが、プロジェクトが終了した時点でのチケットの総数を勘定することが可能です。

　大雑把ですが、プロジェクトの期間をプロジェクトメンバーの人数とチケットの総数で割れば、チケット1枚あたりの平均時間が割り出せます。

チケットの平均時間＝プロジェクト期間÷（メンバーの数×チケットの総数）

　正確に計算するのであれば、プロジェクト期間の代わりにメンバーの勤務時間を使うことになります。仮に次のプロジェクトを同じメンバーで行うならば、このチケット平均時間を利用できます。プロジェクト期間が同じで、メンバー数が同じであるならば、同じだけのチケット数を使うのではないかという予想が立てられます。

総チケット数＝プロジェクト期間÷チケットの平均時間

つまり、未来のプロジェクトに対しておおよそのプロジェクト期間（リリース日などの設定から概算が可能です）が与えられれば、総チケット数の予測がつくということです。

　同じ方式で、プロジェクトの途中から最終的なチケット数を予測して、プロジェクトの完了日を予測することも可能です。具体的には**EVM（アーンドバリューマネジメント）**の手法を使えます。EVMに関してはChapter 4で詳しく解説します（→Section 19）。

　このように、チケット駆動であってもプロジェクトの完了日をおおよそ予測可能であるということです。同時に、プロジェクトの途中でチケットの消化具合を確認することにより、プロジェクトがどれくらい遅れるのかも予測できます。逆に言えば、予測されたチケット総数を超えないのであれば、多少のチケットの増加は問題無いということになるのです。

○ **完了チケット数を概算する**

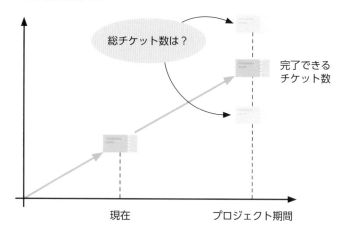

総チケット数は？

完了できる
チケット数

現在　　　　　　プロジェクト期間

　予定よりもチケット数が増加したからと言って慌てる必要はありません。予算以内かつプロジェクト期間以内に完了可能であれば問題は無いのです。未来を予知することはできませんが、ある程度までならば予測することが可能です。安全にプロジェクトが成功することはわかっているならば、途中であたふたする必要はありません。見通しの道具立てを知っておきましょう。

Chapter 4

バックログと
チケットの導入

このChapterから実践編として、アジャイル開発で利用する具体的なツールの解説をします。アジャイル特有の道具立てもあれば、既存のソフトウェア開発で使われているツールもあります。これらのツールを、開発プロジェクトを現実に即するために利用します。

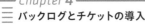

バックログと優先度

Section 15

スクラム開発では2つのバックログを扱います。最大の利害関係者としてのプロダクトオーナーが決めるプロダクトバックログと、スクラムチームのメンバーがスプリント期間で行うスプリントバックログの違いを解説します。

プロダクトバックログ

Chapter 3までは、それぞれのアジャイル開発の基本原理を解説してきました。ここからは実践編として、これらのアジャイル開発のプラクティス（道具立て）を実際に導入・活用するうえでのポイントを解説します。

Chapter 3でも解説したように、スクラム開発で使われるバックログは**プロダクトバックログ**と**スプリントバックログ**に分かれています。プロダクトバックログは、顧客となるプロダクトオーナーが作成するリスト、スプリントバックログはスクラムマスターが作成するリストです。端的に言えば、顧客が作るプロダクトバックログは、お金を出しているという最大の利害関係者からの要求事項です。プロジェクトの出資者ですから、優先的にバックログのタスクを通すことになります。

一般的なITプロジェクトにおいて、明示的にプロダクトマネージャーあるいはプロジェクトマネージャーを決めることもあれば、漠然とした「プロダクトマネージャー的な役割」を据えることもあります。開発を行うと同時に進捗管理なども行う、プレイングマネージャーという方法もあります。

スクラム開発では、顧客の利害関係者の中からプロジェクトに密接に関われる人を**プロダクトオーナー**とします。しかし、現実的な問題として顧客がプロジェクトに関わることが時間的に難しい場合もあります。そのようなケースでは、要件定義のような契約書の要求項目として要求事項が示されることになります。しかし、プロダクトオーナーの本来の役割は、プロジェクトを進行しているときのプロダクトバックログの優先度や取捨選択を行うことです。これが重要視されていることを考えると、計画駆動の要件定義書のように固定化され

てしまった要求項目はあまり望ましくありません。

　仕事の契約形態として難しいところではありますが、プロジェクト全体への要求項目のリストは、プロジェクト進行中であっても柔軟に追加あるいは削除できるようにしておきたいものです。契約については、IPAが公開しているアジャイル開発の契約[注4.1] による**準委任契約**が参考になります。

○ **プロダクトバックログとスプリントバックログの関係**

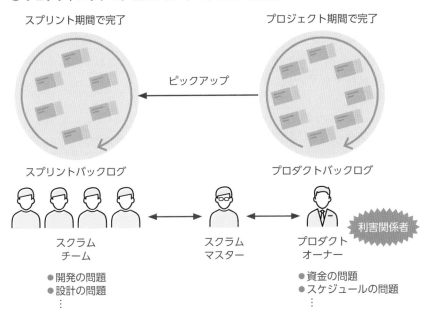

優先順位を変えられるプロダクトバックログは、プロジェクトの成否に大きく関わってきます。

- リリース日が重要であるならば、作業的に重すぎる要求項目を削除、あるいは優先順位を下げる
- 機能が重要であるならば、リリース日を変更して機能実装を十分に達成できるスケジュールに見直す

注4.1 「情報システム・モデル取引・契約書(アジャイル開発版)」(独立行政法人 情報処理推進機構)
　　　 https://www.ipa.go.jp/digital/model/agile20200331.html

- リリース日や機能が動かせないならば、投資額を多くする。人的リソースの追加、高価かつ高機能なフレームワークの導入など、金銭面の追加を検討する

　プロジェクトの契約以降、スケジュールや金額を固定化してしまうウォーターフォール開発とは異なり、プロジェクトがスタートした後でも柔軟に（あるいは機敏に）費用やスケジュールを見直すのがアジャイル開発の得意とするところです。かつ、費用やスケジュールの変更が必要条件になります。

　ただし、プロジェクトにかかる金額の増加やスケジュールの変更は、出資者（最大の利害関係者）しか実施できないでしょう。これらはプロダクトオーナーに決定する権利があります。

スプリントバックログ

　プロダクトバックログがプロジェクト全体に関わる総論だとすれば、スプリントバックログはプロジェクト内でどのように実現するのかを示した各論と言えます。

　スプリントバックログは、スプリント内（概ね2週間）で達成すべきタスクを決めます。スプリントバックログで優先度を決めてもよいのですが、あまり意味はありません。基本は、スプリントバックログにあるすべてのタスクがスプリント終了時に完了している必要があるためです。逆に言えば、スプリント期間中にできあがる分だけを、プロダクトバックログからスプリントバックログへ取り込む必要があります。

　どのタスクをスプリントバックログへと取り込み、実行するかは**スクラムマスター**が取りしきります。スプリント期間内の動き（タスクの消化などの優先度）はスクラムマスター、あるいはスクラムのメンバーに権限があります。

　最大の利害関係者であるプロダクトオーナーは、スプリント自体には関与できません。プロダクトオーナーは、総論としてのプロダクトのタスクを管理したり柔軟に優先度を変えたりすることはできますが、その権限は各論であるスプリントの内部に及ぶことは無いのです。

　これは、チーム内の結束を高める意味で重要な点です。外部からのアレコレ

の指摘＝騒音（それがプロダクトオーナーからの意見であったとしても）は、スクラムマスターが押しとどめます。いわば防護壁の役割をスクラムマスターが担うのです。

○ スプリント期間をコア化する

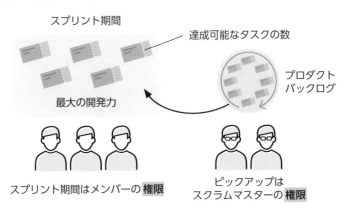

スプリント期間

達成可能なタスクの数

プロダクトバックログ

最大の開発力

スプリント期間はメンバーの 権限

ピックアップはスクラムマスターの 権限

　さまざまなアジャイル開発手法の中でも、スクラム開発におけるスクラムマスターの権限は非常に大きいものです。と同時に、大きな責任があります。チームのまとめ役（別途スクラム内にリーダーを据えることもありますが）としてメンバーをまとめると同時に、各メンバーのやる気を損なわないようにする必要があります。モチベーションを失わせる「チーム殺し」を避けるようにします。

　ゆえにアジャイル開発のスクラムにおいては、スクラムマスターとチームメンバーとの価値観の共有が重要です。スプリント期間内に各タスクが達成可能か否かは、上司・部下の強制的な命令関係で決めるものではありません。メンバー（あるいはスタッフ）が「できない」と言えばそのタスクは達成できないでしょうし、「難しい」と言えばそのタスクは達成困難なのです。それを信頼したうえで、スクラムマスターがスプリントバックログを作成します。

チケットリスト

　XPやチケット駆動における**チケットリスト**の役割には、スクラムのプロダクトバックログやスプリントバックログほど厳密な決まりはありません。いわ

ゆるToDoリスト、あるいは課題リストで代用することも可能です。

　ただし、一般的なToDoリストのようにしてしまうと、リストの項目が際限なく増殖することになりかねません。課題リストであっても、すべての項目の優先度が「高」であれば、プロジェクトメンバーは何から手を付けてよいのかわからなくなってしまいます。このため、チケットリストを使う場合には、

- 比較的少人数であること（1〜5名程度）
- チケットの総数がプロジェクト内で把握可能であること
- チケットの増加量が、チケットの消化量とほぼ同数であること

が求められます。人数についてとくに規定はありませんが、あまりにも多くの人が関わる場合には多種多様なチケットが混在してしまうので、複数のチームに分けます。

　Chapter 3のチケット駆動（→Section 11）でも解説しましたが、壁にチケットを貼る方式であればチケットの数は壁の面積に制限されます。Webのホワイトボードやチケット管理ツールならばそれ以上に増やすことも可能ですが、増やし過ぎても全体が把握できなくなり、結果的にチケットの消化量＝プロジェクトの進捗度が落ちてしまいます。

　アジャイル開発では、プロジェクト進行中であってもチケット（タスク）の追加が可能です。プロジェクト進行時の状況の変化（競合他社の動向、法律などの外部要因など）によって発生するチケットや、初期段階での考慮漏れ／不明点が解消されたことによるチケットであれば、増加を受け入れる必要があります。しかし、単純な機能追加（顧客の思いつき、開発者の思いつき、リーダーの思いつき）によってチケットが際限なく増加することはせき止めなければなりません。

　チケットの増加については「Section 18　増えるタスクとスケジューリング」で具体的な対策を解説します。

◯ チケットリストの状態図

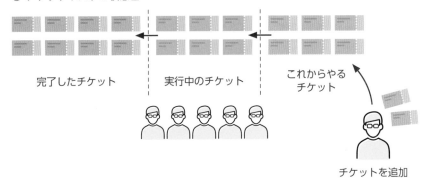

完了したチケット　　実行中のチケット　　これからやる
チケット

チケットを追加

　チケットの増加に対処する具体的なガイドラインはあまり存在しません。ただし、プロジェクトバッファとチケットの粒度（平均的なチケットの作業量）を理解することによって、ある程度のチケット増加に対処できます。

　チケットの増加は、要求の変更として計画駆動の文脈で考えられます。アジャイル開発では、要求の変更を受け入れるため、状況に応じて顧客（たとえばプロダクトオーナーなど）からの要望を取り込みます。自社内で開発するシステムの場合、次回のリリースに組み込むべき機能を明確にできます。

　スプリントやプロジェクト期間の初めに、プロジェクトでどの程度のチケットを処理できるかを確認します。さらに、どの程度のチケット増加を許容できるかを決定します。たとえば、プロジェクトの初期段階では最初の100枚のチケットを完了することを目標とし、さらに20枚のチケットを予備として取っておくことができます。2割の変化の余裕を持たせるのです。

　最初の100枚のチケットは、要件を事前に明確にして処理します。一方20枚のチケットは未割り当てのままです。未割り当てのチケットは、プロジェクトの進行中に新たな要求（あるいは見落とし）が浮かび上がったときや、顧客の要望や急なアイデアに対応するために使用できます。この方法では、プロジェクトは20枚（つまり2割の予備）のチケットを確保しておくということです。

　チケットの粒度が均一であれば、最初の100枚のチケットに一部分未割り当てのものがあっても問題ありません。この部分はプロジェクトマネージャーの経験と直感に頼ることになるでしょう。

WBS分割の応用

WBSは最も一般的な作業分割方式です。計画駆動などで作成する工程表（ガント
チャートなど）では、WBSを基本としてスケジュール管理をします。このWBSと
いう単位は、そのままアジャイル開発のタスク抽出に応用可能です。

トップダウンでタスクを分割する

計画駆動（ウォーターフォール開発）でよく使われる**WBS**（Work Breakdown
Structure、→Section 11）ですが、アジャイル開発のタスク抽出にも利用でき
ます。WBSの作成の仕方についてはPMBOKの解説書などに詳しく書いてあ
りますが、ここでは概要を示しておきましょう。

WBSはその名前の通り、**トップダウン**で構造を分割していく手法です。ちょ
うどフィッシュボーンチャート（特性要因図）を使って分析する方式と同じで
す。フィッシュボーンの場合は、1つの問題に対して大きめの原因に分解し、
さらに細かく原因を分析して現実に近づけます。

WBSも同じように、最初にプロジェクトの目標を決めておいて、それぞれ
の達成すべき項目をツリー状に展開します。さらにそれぞれの項目に対して小
項目を作ります。これを、最後の項目が現実的な手順になるまで続けます。プ
ロジェクトを分割するときは、最初はPMBOKに従いプロジェクトの各工程（プ
ロセス）に分割するとよいです。

- プロジェクト準備工程
- 要件定義工程
- 設計工程
- プログラミング工程
- テスト工程
- 運用の開始

上記のように各工程を書き連ねます。その開発プロジェクトがアジャイル開発であれ計画駆動であれ、要素として盛り込まなければならない工程の種類は変わりません。変わるのは工程にかける時間（あるいは資金）になります。

　アジャイル開発においては、プログラミング工程やテスト工程以外の多くの部分が省略されていますが、まったく無いというわけではありません。スクラムチームを組むときのスクラムマスターからの説明は、PMBOKで言えばプロジェクト計画書の作成やコミュニケーション計画の一部にあたります。アジャイル開発における顧客とのタスクの調節は、PMBOKで言えば調達工程や要件定義工程の見直しとなるでしょう。

○ トップダウン方式でWBSを作成する

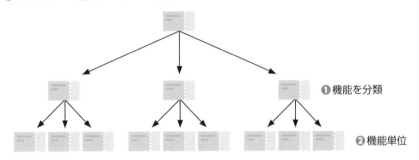

❶機能を分類

❷機能単位

　トップダウン的にタスクを分割しますが、プロジェクト開始前にすべてを作ることはしません。あるいは不可能でしょう。最終的にプロジェクト全体として達成しなければいけない基準を残して、具体的なタスクは曖昧なままで構いません。その部分の詳細なタスクは、プロジェクトが進むと現れてくるものです。

　ある程度までWBSが揃ったら、そのままスプリントバックログやチケットリストに利用します。当然、スプリントバックログの場合は、全体の量を把握してスプリント内に終わるかどうかを事前に確認しておきます。

ボトムアップでタスクを作成する

　ボトムアップにタスクを作成することも可能です。一般的にアジャイル開発では、ボトムアップでタスクを作成することが多いでしょう。ボトムアップは、

実作業の視点からタスクを積み上げていく方法です。ある課題を決めたら、やることを実作業単位で次々とタスクとして挙げていきます。

　ボトムアップ方式は、全体の作業量がわからないときに有効です。トップダウンと同様に、すべてのタスクを出し切ることは不可能ですが、ひとまず見える範囲のタスクを挙げることが可能になります。手元でやらなければいけないタスクを書き出し、それに付随するタスク（事前のタスク、事後のタスク）を書き出して少しずつ数を増やしていきます。

　すべてのタスクを出し切ることは難しいですし、出す必要もありません。ウォーターフォール方式ならば全体を俯瞰するようにWBS方式でタスクを出していく必要がありますが、アジャイル開発ならばプロジェクトを進めながらタスクを調節していけばよいでしょう。

◯ ボトムアップ方式でタスクを積み上げる

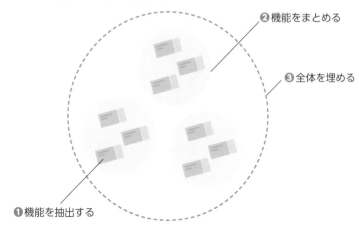

❷機能をまとめる

❸全体を埋める

❶機能を抽出する

　ボトムアップ方式の欠点は、プロジェクトの初期状態では全体のタスク量＝プロジェクト全体の作業量が決定しないことです。これでは、長期的なプロジェクトや締め切りが決まっているプロジェクトには適用できません。1ヶ月程度の短期のプロジェクトであれば、タスクの数からおおよその作業時間を割り出すことも可能ですが、半年程度以上の長期プロジェクトになると、途中のタスク増加によりプロジェクトの完了日が遅延してしまうことになりかねません。

定番のWBSを用意しておく

ボトムアップ方式でタスクを抽出するときのポイントとして、あらかじめ定番のWBSを用意しておくことをお勧めします。

PMBOKで決められているプロセスのように、プロジェクトで行う必要があるいくつかの作業はすでに決まっています。たとえばアジャイル開発手法の肝となる設計・コーディング・テストの一体化の部分は、まさしくアジャイル方式で抽出をしないと意味がありません。それぞれのプロジェクトで、状況 (時間や人数、あるいは時代性) に応じて抽出することが求められます。

○ 定番のWBSを抽出する方式

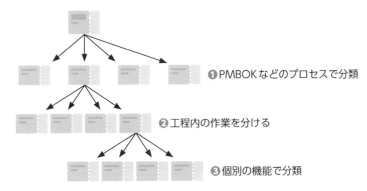

❶ PMBOKなどのプロセスで分類

❷ 工程内の作業を分ける

❸ 個別の機能で分類

その一方で、対外的な作業であるプロジェクト計画書の作成・契約の確認・顧客との進捗確認 (あればですが) などのように、あらかじめ決まっているタスク (あるいはタスクの量) もあります。これらのプロセスに関しては、おおよそのタスク数を用意し、チケットの数あるいは作業時間をあらかじめ確保しておくことで、チケットの見落としを回避できます。

また、移行作業や開発マシンのセッティングなどのチケットに関しては、大枠だけを決めておき、具体的な作業量は保留にしておくことも可能です。たとえば開発マシンのセッティングであれば、2時間のチケットを4枚分＝8時間、というように決めてしまいます。中身は決めないが白紙のチケットとして枚数を決めておくことにより、タスクをこなすための時間を「チケットの数」として可視化できるようになります。

Section 17 PERT図・ガントチャートの応用

タスクを抽出したら、次にスケジューリングを実施します。スケジューリングはプロジェクトが期日に間に合うかをチェックする有効な手段です。アジャイル開発では、詳細なスケジュールではなく概算値を計算するときに有効なツールです。

PERT図

タスクを抽出した後は、スクラムではスプリントバックログ、チケット駆動ではチケットのリストとして扱います。このため、チケットの前後関係をあまり意識することはありません。

しかし、それぞれのタスクは独立して存在しているわけではありません。1つのタスクの作業を行うときには前準備が必要であり、そのタスクの終了を待っている次のタスクがあります。これらの作業の繋がりを表すものが、IPAの基本情報処理試験などにも出てくる**PERT図**（Program Evaluation and Review Technique）です。

PERT図は、プロジェクトが完了するまでの繋がりを含めて書いた図です。UMLで言えばステートチャートに近いものです。それぞれのタスクには、作業時間と次に繋がるタスクへの矢印が書いてあります[注4.2]。

アジャイル開発で抽出したタスク（あるいはチケット）も、PERT図のように並べられます。チケットリストは、単純に並べられた表形式になることが多いのですが、実際にはタスクごとに前後の繋がりがあります。同時に、繋がりの無いタスクもあります。繋がりの無いタスクは並行して作業でき（2名以上のプロジェクトメンバーがいるものとします）、全体の作業時間を減らすことが可能です。

逆に、プロジェクトに多くのメンバーがいたとしても、それぞれのタスクが一列に並ぶようにシーケンシャルにしか処理できないのであれば、全体の時間

注4.2　試験では、これらの並行して進んでいるタスクの最短時間を求めよという、クリティカルパスの問題が出題されることが多いです。

を短縮することはできず1名で作業するのと変わりません。少なくとも、PERT図にタスクを配置すれば理論的にはそうなります。

○ PERT図

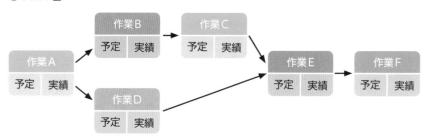

ただし、膨大な数のタスクをPERT図にいちいち書き起こすことは、プロジェクト管理の作業量的に無理があります。まして、少人数で行われるアジャイル開発においては、PERT図を整備するためだけに時間を取られてしまうのは無意味です。

多少理論的ではありますが、アジャイル開発においては、チケットの優先度と同時にチケットの作業順序を考える際にPERT図の手法が役に立ちます。たとえばC言語のコードを書く前には、インターフェースを決めるヘッダファイルが必要、ヘッダファイルを書く前にはインクルードする順序やフォルダー配置などを決めておくことが必要、という具合に、前後関係を決めていきます。

ただし最適化する必要はありません。緩めに作業順序を決めたい場合に有効な手法です。

ガントチャート

ガントチャート（Gantt chart）は、先のPERT図に時間軸（日付や時刻）を加えたものです。具体的には日付を横軸に並べ、縦軸にタスクを並べます。タスクの開始日と終了日を記述することにより、全体のタスクをカレンダーのように俯瞰できます。現在では、Excelでもガントチャートを作れます。

サンプルプロジェクト

強調表示する期間を右側で選択します。グラフについて説明する凡例を次に示します。　期間内で強調表示：　1　　▨ 計画継続期

アクティビティ	計画開始日	計画継続期間	実績開始日	実績継続期間	完了率	期間				
						1	2	3	4	5
作業A	1	3	0	0	0%					
作業B	4	3	0	0	0%					
作業C	7	3	0	0	0%					
作業D	4	4	0	0	0%					
作業E	10	3	0	0	0%					
作業F	13	3	0	0	0%					

日付が含まれることによる重要な視点が2つあります。

- 作業ができない日（日曜や祝日など）を明確にできる
- プロジェクトメンバーの数による並行作業の制限を示せる

　ガントチャートは時間軸を使うため、途中に休日があると順々に作業が後ろにずれます。1つのタスクの作業時間が5日であっても、土日を挟むか挟まないかで、日程には5日から7日の幅があります。これはPERT図やチケットリストだけでは確認できない点です。

　もう1つ、PERT図では前後の関係が無ければ無限に並行作業が可能となっていますが、現実的にはプロジェクトメンバーの人数が上限になります。ガントチャートのタスクをメンバー単位に割り当てることによって、「並行作業は可能だが順次作業しなければいけない」タスクがわかります。

　ガントチャートを使ったスケジュール管理には、主に建築業で培われたノウハウが組み込まれています。WBS（→Section 11、Section 16）で分割したタスクをガントチャートに配置することによって、作業順序の計画と進捗具合がひと目でわかるようになっています。

　ただし、アジャイル開発において活用するうえでは、ガントチャートにも難

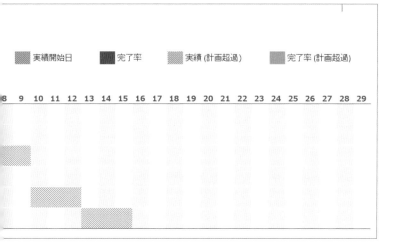

| | | | | | | | | | | | | | | | | | | | | | |
| 8 | 9 | 10 | 11 | 12 | 13 | 14 | 15 | 16 | 17 | 18 | 19 | 20 | 21 | 22 | 23 | 24 | 25 | 26 | 27 | 28 | 29 |

点があります。現状のガントチャートのツールは、途中の変更が容易ではない
ものが多いのです。

　計画駆動では、最初に膨大な時間をかけてWBSを抽出した後に、また膨大
な時間をかけてガントチャートを作っていきます。一見、非常に細かく正確に
作られた計画表に思えますが、途中でタスクが増えたとき（あるいはタスクが
減ったとき）の変更が容易ではありません。これはツールの問題ではあります
が、複雑で大きくなり過ぎたガントチャートは、最初に計画をしたままプロジェ
クト進行時に修正されることはほとんどありません。つまりは機敏ではないの
です。

　こうした理由から、アジャイル開発ではガントチャートが使われることがほ
とんど無いのですが、ガントチャート自身にもよいところがあるので利用価値
はあります。

　スクラムスプリントの場合は、2週間という区切りでバックログを切り替え
るため、休日の考慮や並行作業するタスクはメンバーの中に暗黙知として備
わっています。しかし、期限をあまり区切らないチケット駆動においては、前
後関係のあるチケットが作業時にわかりにくいことが多いです。こうしたケー
スでは、一定のチケットだけを抜き出してPERT図あるいはガントチャートに
書き出すことで、効率のよい作業順序を確認することが可能です。

Section 18 増えるタスクと スケジューリング

アジャイル開発プロジェクトにおいては、最初にタスクを抽出してスケジューリングすれば終わり、とはなりません。最大の難関であるタスクの数の変化、主に増えていくタスクに対処していきましょう。

タスクをスケジュールの最後に追加する

増えるタスク（問題）に対して敵対するのか、踊るように華麗に対処するのかはプロジェクトによるでしょうが、「増加するタスクをどこに追加するのか」には2種類の方法があります。1つはスケジュールの最後にタスクを追加する方法です。

○ スケジュールの後ろにタスクを追加

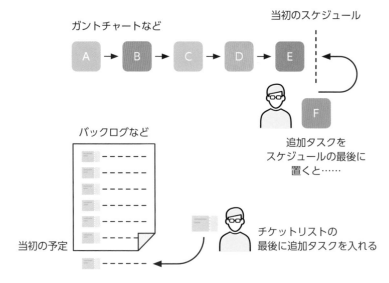

ガントチャートなど

当初のスケジュール

追加タスクを
スケジュールの最後に
置くと……

バックログなど

当初の予定

チケットリストの
最後に追加タスクを入れる

タスクをファースト・イン・ファースト・アウトで順序よく処理、つまり、手元の仕事が終わってから新しい仕事に手を付けます。全体の仕事が終わってから次の仕事に手を付けるわけですから、今手を付けている仕事は確実に時間内に終わります。しかし、新しい仕事が終わるとは限りません。ひょっとしたら手を付けること無く期限がきてしまうかもしれません。

追加されるタスクが手付かずでもよいのであれば、プロジェクトの最後にまわします。現在のタスクの優先度が高いのであれば（終わらせなければいけないタスクであれば）、なおさら新しく追加されたタスクは後ろにまわすべきです。

追加したタスクをプロジェクトの最後にまわすのであれば、現状のスケジュールを変更する必要はありません。プロジェクトのスケジュールの最後に空きがあれば実行できるでしょうし、時間的余裕が無ければ実行されることは無いでしょう。

タスクを途中に差し込む

しかし、アジャイル開発で追加されるタスクは、ほとんどが**割り込みのタスク**でしょう。実際問題として、タスクをプロジェクトの途中に割り込ませるときの具体的な作業を考えてみます。

- 割り込みタスクの作業時間分だけ、他のタスクは後ろにずれる
- プロジェクト内にあるマイルストーンに間に合うかの調節が必要となる
- 途中で離れるプロジェクトメンバー（リソース）の分をまかなえるかの調節が必要となる

こうしたリスケジュールは、ガントチャートなどでスケジュール管理をしているときには非常に手間のかかる作業になります。プロジェクトマネジメントの作業として多くの時間がかかってしまうため、スケジュール表を変えないままに増えたタスクを割り込ませてしまうことも多いです。あるいは、実行中のタスクや後続のタスクのスケジュールをマネジメントの都合で勝手に縮めたうえで、タスクを割り込ませます。

「勝手に」という書き方をしましたが、これは心情的な面よりも、当初の計画を（多くはプロジェクトマネージャー自身が）無視してしまうところに大きな問題があります。

◯ スケジュールにタスクを割り込ませる

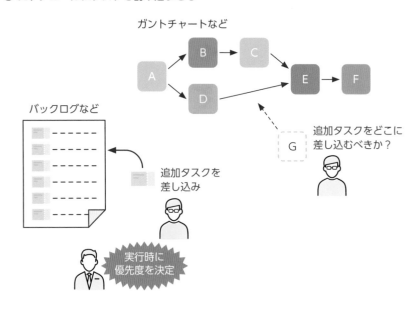

このように割り込みタスクが多く発生することが想定される場合には、アジャイル開発の手法が有効です。

もともと、プロダクトバックログやチケットのリストは、厳密な計画に沿って作成したものではありません。タスクの前後の順序や時間などをあまり考慮しないまま、若干の優先度と羅列だけで成り立っています。このため、プロダクトバックログであれば、単純にリストに追加することが可能です。優先度は、スプリントバックログへ抽出するときに決定できます。

また、チケット駆動のリストであってもタスクの追加は容易です。追加したタスクが実際に実行されるかどうかは、スクラムマスター、チケット駆動のメンバー、リーダーにかかっています。プロジェクトのエンドを動かさずにタスクを増やすことは理論的には不可能です。しかし実際問題として、不確実性の高いITプロジェクトでは途中でタスクが増えることがほとんどでしょう。

チケットの粒度

オブジェクト指向プログラミングが一世を風靡したころ、「オブジェクトの粒度」あるいは「クラスの粒度」が話題になったことがあります。クラス設計を行うときに、極端に巨大なクラス、神基底クラスなどを作らないようにするというノウハウです。現実的には、自動テストのしやすさや変更のしやすさなどを考慮すると、コード量や複雑さなどの「粒度」を揃えておいたほうが開発しやすいというセオリーでした。

同じように、開発プロジェクトにおける「チケット」にも粒度があります。WBS方式でタスクを分割する場合でも、長い時間がかかり過ぎるチケットが多くあると、進捗管理に問題が出てきます。

たとえば、スプリント期間（概ね2週間程度）よりも長い作業期間を予定したチケットは意味がありません。少なくとも、2週間以内で設定する必要があります。逆に10分程度で完了してしまう短すぎるチケットもあまり意味がありません（ただし、やることリスト：ToDoとしての意味はあります）。チケットの数で全体の進捗を概算しようとするときに、大きな偏りが出てしまいます。

チケットの作業中、進捗度（「75％完了」など）を細かく算出することにも意味はありません。どのくらい完了しているかの判断が人によって変わってしまうため、客観的な指標としてはずれが大きすぎます。

理想的なチケットの進捗としては、「未着手」「作業中」「完了」の3つ程度で十分です。これぐらいの粒度にして、作業時間を2時間から2日間程度に揃えておくとよいでしょう。

EVMを使ったプロジェクト完了時期の予測

アジャイル開発の最大の難点は、プロジェクトの完了時期が読みづらいことです。増加するタスクをそのまま受け入れてしまえば、リリース時期は際限なく延びてしまいます。有限のリソースを活用するために、概算を使って完了時期の予測をします。

全タスク量を予測する

　タスクを追加すると、全体的に必要なリソース（ヒト・モノ・カネ）が増えるので、一般的にはスケジュールが延びます。スクラム開発のようにチームメンバーの強固な合意があればスケジュールの遅延を防ぐこともできますが、なかなか難しいところです。人数の多いプロジェクトであれば、それぞれの事情があるためなおさらでしょう。

　一般的な小規模のアジャイル形式プロジェクトでは、スケジュールのエンドを完全に決め切ることはできません。しかし、Webサービスやゲームのリリースなど納期が決まっているITプロジェクトは数多くあります。これらのプロジェクトに、本格的なアジャイル開発を適用できるのでしょうか。

　アジャイルソフトウェア開発宣言（→Section 01）に従うならば、**「契約よりも顧客との協調」** を重視するのですから、顧客との話し合いによりスケジュール変更以外の方法によって最終的な納期を守るように動きます。

　まずは、プロジェクトが完了するまでの作業量の予測値を出します。予測は予測でしか無いので、あくまで概算値で構いません。プロダクトバックログであれば最終的なバックログの数、チケット駆動であれば最終的なチケットの数を予測します。プロジェクト開始前に埋めることのできるタスクがあれば適度に埋めておきます。WBS方式（→Section 11、Section 16）で作業タスクまで分割できるのであれば、これも概算値として追加しておきます。

　計画駆動（ウォーターフォール方式）であれば、事前にFP法（ファンクションポイント法）や作業量の積み上げ方式で計算するところですが、アジャイル開発ではそこまで厳密な作業量は見積もりません。むしろ、事前に見積もれな

いからこそアジャイル開発方式をとっているので、あくまで予測値としてのタスク量を算出しておきます。

　これらの概算は、実は予算や納品日を決めたときに求めているはずです。顧客にとっても、まったく予算の目途が付かないものにお金を出すわけにはいきません。費用対効果や損益分岐点も含めて、プロジェクトの予算や期間の大まかな値をあらかじめ出しておきます。

○ **プロジェクトの全タスク量を概算**

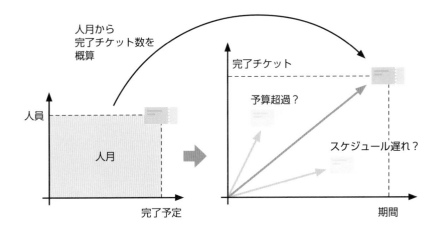

人月から
完了チケット数を
概算

人員

人月

完了予定

完了チケット

予算超過？

スケジュール遅れ？

期間

プロジェクトの完了時期を予測する

　全体のタスク量がわかれば、**プロジェクトの完了時期**を予測するのは簡単です。

　現在のプロジェクトメンバーの実力と人数で全体のタスク量を割れば、プロジェクトにかかる日数が決まります。『人月の神話』[注4.3] に反するように思えますが、最初の予測値は人月計算で構いません。プロジェクトメンバーの実力（できれば計測者自身の実力）を基準にして、1日あるいは1週間のうちに消化できるチケット数を算出します。

注4.3　『人月の神話【新装版】』／フレデリック・P・ブルックス, Jr.［著］／滝沢徹、牧野祐子、富澤昇［訳］／丸善出版（2014年）

プロジェクト日数 ＝ 全チケット数 ÷ 1日のチケット数

　チケットごとに作業量のばらつきがあると思いますが、それは無視して構いません。標準的なチケットの作業量（2時間あるいは1日以内）を決めておきます。

　スケジュールの予測を立てるときには、不具合やテスト項目などのチケットとは別に管理することをお勧めします。計画段階なので、要求事項や設計、実際のコーディングと単体テスト、そして付随する作業（マシンのセッティングなど）をチケット数として勘定しておきます。このようにすると、概算ではありますがプロジェクトの完了時期を予測することが可能です。休日や長期休暇などの休みを適当に入れて、具体的な日時を概算します。

　この日時が顧客が要望する納期内にあれば、そのプロジェクトは成功する確率が高いでしょう。大きくずれがある場合は顧客との交渉が必要となり、認識のずれを確認しておきます。

　また、マネージャー本人（スクラムマスター、プロジェクトリーダーも含む）の認識と大きくずれている場合、つまり自分の経験的な勘とずれている場合もチケット数の見直しが必要です。

顧客の提示する予算 ＞ 総チケット数による費用

　この場合は予算が潤沢にある状態なので、チケット数を調節する必要は無いでしょう。懸念すべき点があるとすれば、マネージャーが見つけられなかった懸案事項を顧客側だけが持っている可能性があるケースです。差分をプロジェクトの余裕分としてとっておくか、顧客と機能面での確認をしっかり取ったうえで予算あるいは期間を少なくしてもよいかもしれません。

顧客の提示する予算 ＜ 総チケット数による費用

　この場合は予算の調節交渉をします。あるいは、差分は不明点として残しておき、アジャイル開発としてプロジェクトがある程度進んだ時点でスプリント期間やチケット駆動にして調節を行います。

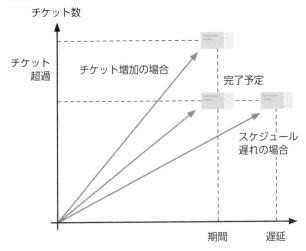

○ **終了地点を概算**

マネージャー自身が考えた予算 < 総チケット数による費用

　経験豊かなマネージャー（過去にいくつかのプロジェクトをこなしてきたマネージャーあるいはメンバー）は、職業的な勘である程度のプロジェクト期間の推測が可能です。一種の生存バイアスもあると思いますが、叩き台としての概算値としては有効に利用できます。マネージャー自身が当初考えていた予算あるいは期間と、総チケット数による費用あるいは期間が大きくずれているならば、おそらく大きな見落としがあると思われます。

　このように、多方面からプロジェクトの予算や期間を再チェックできます。

EVMを活用する

　こうした予測方法は、建築業界でよく使われる**EVM（アーンドバリューマネジメント）**の応用です。PMBOKにも示されています。工事プロジェクトでは、工事進行基準という形でプロジェクトが進行しているときの価値を表せます。

　EVMでは見積もりの正確さを優先していますが、アジャイル開発で利用するEVMでは、プロジェクト実行時のハンドリングにこれを利用します。プロジェクトの途中で追加タスクが発生したとき、EVM方式で予測値を試算し直

します。ガントチャートやPERT図を使ってスケジュールを正確に調節することは難しいですが、アジャイル開発でのバックログ／チケット方式とEVMを組み合わせると、プロジェクトの終着点を予測することはそれほど難しくありません。

プロジェクト日数 ＝ 全チケット数÷1日のチケット数

基本は、このグラフをプロジェクトが進むごとに計算し直せばよいのです。Excelなどを使ってグラフを自動化すればそれほど難しくはないでしょう。

● EVMの活用例

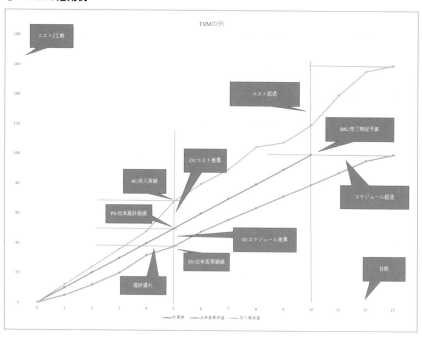

別途バーンダウンチャートを利用する方法もあります。バーンダウンチャートは、EVMとは逆に残チケット数を記述していく左下がりのグラフになります。全チケット数が固定となっている場合には、左下がりの傾きによってプロジェクトが期限内に終わるのか超過してしまうのかを視認できます。できれば

チャートの傾きは一定になるように努めたいものですが、途中のチケット増加などにより傾きが緩くなってしまいます。

このバーンダウンチャートによっても、EVMと同じように予測が可能です。チケット増加に従いチャートの切り替えを行います。

人員追加による効果を予測する

要求事項や機能の増加はそのままチケットの増加に繋がり、プロジェクト全体を遅延させる要因になります。プロジェクトメンバーが固定されていれば、チケットの増加はそのままプロジェクトの遅延に繋がりますが、顧客の意向によりプロジェクトを遅延できない場合はプロジェクトのメンバーを増やします。

○ どれだけ人員を増加すればよいか？

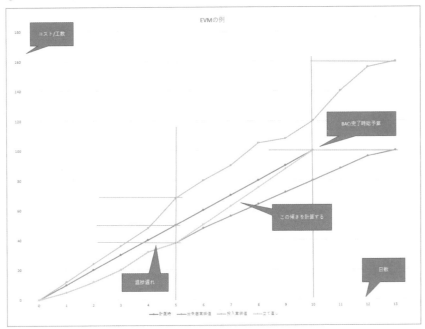

『人月の神話』にある通り、プロジェクトに人員を追加したからといって線形的に作業が早くなるわけではありません。プロジェクト内のコミュニケー

ションコストに関しては『ピープルウエア』^{注4.4}にも書かれているところです。

　人数が増えることにより、相互のコミュニケーションの増加、プロジェクト途中での人員の追加による教育などのロスが発生します。ですが、タスク消化の効率化、タスクの順序変更、余分なタスクの削除を続けたとしても、全体のタスクが増加してしまったときの対処はやはり人員の増加でしか解決できません。ある日突然、プロジェクトメンバーの実力がアップすることはあり得ません。

　プロジェクトメンバーの追加により、どれだけのチケットが消化できるか正確な予測を立てることは不可能です。これは、プロジェクトを始めるときにプロジェクトの完了日を正確に予測することが不可能であることと同じです。正確な予測はできませんが、おおよその予測は可能です。

　チケット駆動によるアジャイル開発において、メンバー追加するときも同様の動きになります。新しいプロジェクトメンバーを受け入れるときに、その助っ人メンバーがどのくらいの寄与をするのかはわかりません。しかし、プロジェクトが遅延し始めているときに助っ人メンバーに期待されるのは、溢れたチケットを消化することです。

　このため、現象を単純化して1日で消化できるチケットを増やし、EVMあるいはバーンダウンチャートを再計算することで効果を予測します。

　先にも触れた通り、増員による期待値は、コミュニケーションコストの増加や増員メンバーのウォーミングアップにより直線的に上がるとは考えられません。ですが、ある程度の期間を過ぎれば従来のメンバーと同様な期待を得られるでしょう。

　また、突貫的な技術サポートとしての増員もあります。この場合は、ミッションを明確にして既存のチケットとは別に抽出するとよいでしょう。渋滞して進みづらくなったプロジェクトの進行を正常に戻す役割を担います。

注4.4　『ピープルウエア 第3版』／トム・デマルコ、ティモシー・リスター [著]／松原友夫、山浦恒央、長尾高弘 [訳]／日経BP（2013年）

Chapter 5

自動テストの導入

XP（エクストリーム・プログラミング）のプラクティスの1つとして自動テストがあります。テスト駆動開発（TDD）として厳密に運用することも可能ですが、ソフトウェア開発全般として自動テスト／回帰テストの手法は有効です。

Section 20 回帰テストが可能な環境

最初に回帰テストが導入できる条件を確認しておきましょう。回帰テストはテストコードを書き、繰り返しテストを自動化できることが条件となります。環境によっては、手作業のテストのほうが有効になる場合もあります。

回帰テストの価値

ここであらためて**回帰テスト**（→Section 07）の価値を考えておきましょう。

回帰テストは、XP（エクストリーム・プログラミング）のプラクティスの1つではありますが、他のアジャイル開発プロセス（スクラムやチケット駆動など）にも導入ができる便利な手法です。計画駆動（ウォーターフォール開発手法）にも導入できます。

プログラミングをしたときには、テストが必要です。完璧な詳細設計書、完璧なコーディングであればテストは不要でしょうが、現実には完璧なものはありません。将来的には、詳細設計書あるいは何らかの文章から自動的に完璧なコードを生成する技術が開発されるかもしれませんが、今のところ完璧な自動生成の手段はありません。

当初のXPでは、回帰テストは単体テストに限っていました。クラス単位／関数単位で繰り返しテストができる状況を作ります。その昔は、クラスや関数に対してプログラムに組み込んだ後に、画面やログ出力を見ながらテストしたものですが、自動テスト（回帰テスト）という発想を得てから、単体テストはまさしく自動的に幾度となく繰り返しできるものへと変化しました。回帰テストでは、テスト自体をコードで記述し、合否をコード内で確認することでこれらの価値を実現しています。

- クラスや関数のテストをコードで記述すること
- テストコードの成否を単純化すること
- テストコードを無人で繰り返し実行できること

原則的には、コーディングされるコードとテストコードは同じプログラミング言語になります。コードがJavaであればJavaで、C#であればC#でテストコードを作ります。同じ言語で作る理由は、コードを書いたプログラマー自身がテストコードを書くためです。テスト駆動開発（TDD）ではテストコードを書いた後にそれに合わせてコードを書くことが求められますが、ある程度コードを書いた後に対応するテストコードを書いても構いません。要は、実働するコードとテストコードが一体となって更新されていることが重要です。

　テストコードはxUnitのフレームワークを利用します。テストコードを動かしたときには、テストが失敗したときのみエラーが表示されます。何も失敗しないとき、すなわちテストに合格しているときは何も起こりません。

○ テストを自動化するために

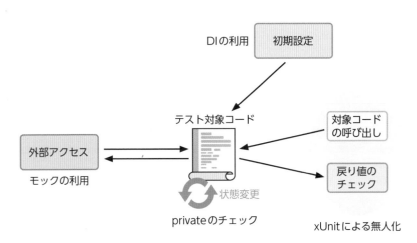

　つまり、テストコードを自動的に実行したとき、テストに成功している間は何もメッセージは表示されません。何か問題が起こったときにエラーメッセージを受信できます。人の手を使わず無人で実行できるということは、夜中にテストコードを実行したり、数時間単位でテストを実行したりすることが可能になります。

　これまで画面操作や手作業でテストを実行していたものを無人で自動実行することは、オートメーション化した工場と同じく非常に効率がよいことです。

回帰テストを可能にする

あたりまえのことかもしれませんが、テストを自動で実行するには、テストが自動で実行できるようになっている必要があります。テストコードだけでなく、実際に現場で動くテスト対象のコードが「自動で」動く状態にしておかなければいけません。

○ 自動化できるように工夫する

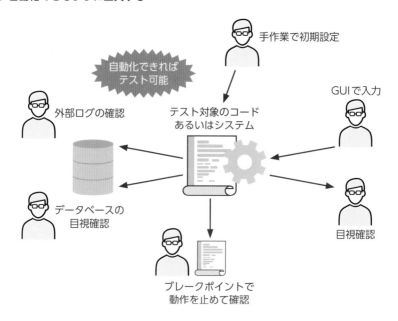

クラスや関数をテストするときに、単純な関数であればグローバル変数の設定などは不要で、引数だけで実行できるでしょう。最も単純な例であれば、引数をいろいろと変化させて、関数の戻り値をチェックするだけでよいのです。

しかし、プログラムが複雑になってくると、さまざまな初期値や状態の変化によってクラスや関数の動きが変わってきます。あらかじめデータベースの設定をしたり、ファイルを作成したりする必要があるかもしれません。場合によってはネットワーク接続も必要な場合があります。

後述するように、これらの複雑な初期化にはモック（→Section 21）という

形で対処することが可能ですが、まだテストコード（とくに自動化できるテストコード）を書いたことが無ければ、まず単純なクラスや関数単位からスタートします。

すべてのテストコードを書くのは大変なので、ミスをしそうなロジック、パラメータの組み合わせが複雑になってしまった関数のテストに集中します。まずはテストの効果が高いところから手を付けるのがベターです。具体的な方法は『テスト駆動開発』(P.034の注2.4を参照) などの文献を参考にしてください。

回帰テストが不可能な場合

難しいのは、回帰テストができない、あるいはできにくい状況に対して線引きすることです。

XPの回帰テストが世の中に広がったとき、この自動化テストは単体テスト工程の範囲を超えてきました。いわゆる、結合テスト工程 (各種のモジュールを繋げたときのテスト工程) に広がりました。

- データベースとの連携を自動化
- ネットワーク連携を自動化
- ユーザーインターフェース (UI) 操作の自動化
- Webアプリケーションの UI 操作の自動化

それぞれの分野でモックと呼ばれるダミーモジュールを使って応答を返す手法を使い、自動化を行っています。あるいは、データベースのテーブル作成からデータ投入などの「マイグレーション」技術を使ってデータベースのテスト (ストアドプロシージャやトリガーなどを含む) を行えます。

こうした技法を使い、大規模なプロジェクト (たとえばMicrosoftのWindows OSのような大規模ソフトのテスト工程など) の自動化を行うプロセスもありますが、小規模あるいは短期間のプロジェクトではこのような大掛かりな自動化プロセスは適切ではありません。小規模のアジャイル開発プロジェクトであるならば、コンパクトにまとめたほうが回帰テストの費用対効果がよいでしょう。

◎ モックの利用と手作業とのすみ分け

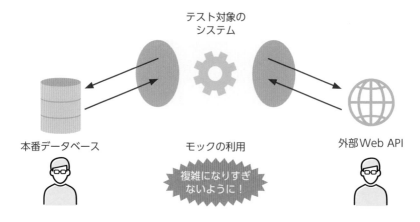

かつて、Webアプリケーションに対して「Is TDD Dead?」注5.1 というムーブメントがありました。ブラウザ上で動作するSPA（シングルページアプリケーション）のフレームワークを利用したときには、UIの動作テストをテスト駆動開発の手法（テストコードを先に作る、あるいはテストコードを書く）で行うのは無理・無駄であるという主張です。基本的に、ReactやVue.jsのようにブラウザ上のJavaScriptで動作するUIコード（アニメーションなどを含む）に対して単体テストをすることは困難です。画面キャプチャやマウスのエミュレート機能などを使えば可能ではあるかもしれませんが、プロジェクトが進むごとにUIが変化する場合に固定化されてしまうUIの自動テストを作ることは事実上無理です。

　しかし、Webアプリケーションを構築するときにテスト駆動開発の手法がまったく使えないわけではありません。フロントエンドから呼び出すWeb API、Web APIの中で動作するコントローラーあるいはサービスクラスの動きは十分に自動テストが可能です。むしろ、回帰テスト用のコードを残しておいたほうが、将来的にWeb APIの品質は上がると考えられます。

　これらのことから、テストの自動化を適用するときの線引きとして次の要素が挙げられます。

注5.1　https://martinfowler.com/articles/is-tdd-dead/

- 比較的変化の少ないモジュール／クラス／関数に対して行う
- 初期化から終了処理まで一貫してできる部分に対して行う

変化の少ない部分というのは、先に挙げたUIと非UIのような線引きです。非UI部分がライブラリ化してあれば、自動テストは容易になります。

初期化から終了処理までとは、テストコードのsetupとteardownにあたるものです。たとえばデータベースに対して、対象のテーブルの作成（CREATE TABLE）からテーブルの削除（DROP TABLE）までを一貫して行えばきれいに単体テストを行えます。つまり、単体テストを実行するたびに影響を与えるデータを作成し、後片付けをする方法です。データベースを占有してしまうため実行時間と手間はかかりますが、実装は比較的簡単です。

一方で、外部Web APIを呼び出したり、既存のデータベースを変更したりする場合には、初期状態に戻すことは非常に困難です。いえ、不可能と言ってもいいでしょう。このような場合は自動化することは諦めます。手作業なり手順書なりを作ってテストを行います。

○ 非UI部分の自動テスト

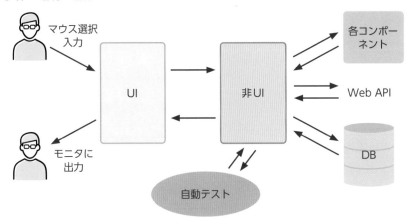

モックアップ（モック）の作成

Section **21**

自動テストを行う場合に、テスト対象のコード（本体のコード）とテストコードだけでは終わらないケースもあります。こうしたケースでは、本体のコードがアクセスするデータベースなどのモックアップ（実物大の仮の模型）が必要になります。

モックの必要性

モックアップ（Mockup）という言葉には、「実際のものに似せた模型」という意味があります。IT業界で言えばプロトタイプに似ていますが、自動テストで使われる**モック**（モックアップの略称）はもっと実用的な意味を持ちます（本書では、以降はモックと表記します）。

自動テストを行おうとしたときに、本番環境のデータベースや外部Web APIを呼び出すことはできません。しかし、データベースを扱う部分や外部Web APIを呼び出す部分をうまく切り替えて、モックにつなげることは可能です。コードの中に複雑に入り込んでしまったデータベース接続・更新などの処理をモックにすることはなかなか難しいのですが、接続・更新部分をクラスやモジュールにして切り替えるようにすれば、元のコードを大きく変更しなくても自動テストに利用できるだろう、という考え方です。

同時期に、DI（Dependency Injection：依存関係の注入）設計パターンが利用されました。具体的なデータベース接続や経路などを外部設定（config）にしておき、実行時にオブジェクトを生成することでモックへの接続を容易にします。

このように、本番環境（実運用環境）を壊さずに試験環境に切り替えるという必要性によって生まれたのがモックです。モックの実装はさまざまですが、本番データベースやWeb APIをシミュレートする機能以外にも、外部からテストデータを挿入する、呼び出しを行ったときにデバッグログを出力するといった機能が盛り込まれたモックもあります。

モックの利点

　モックは、開発時に一時的に使われるものから、運用段階に入った後に運用環境を変えずに一時的な試験あるいは不具合を特定することに利用できるものがあります。

○ 検証環境とモックの関係

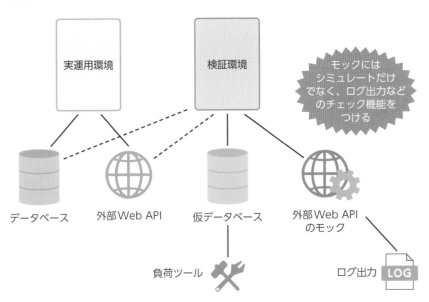

　開発時に使われるモックは、開発が終了し運用が開始された後には捨てられるものかもしれません。ちょうど、工作器具の治具（じぐ）に近いものです。

　工作器具としての治具は、製品そのものには使われないが、製品を作るときに品質を上げるためのもの（精密さ）や製品を作り上げるときに補助的に使う道具です。治具は、たとえばドライバーや金づちのように既製品として作られるものではありません。製作する製品に特化した道具であり、他の製品に応用することはできません（稀に流用することはありますが）。

　開発工程で使われるモックは、この治具に相当します。治具自体はできあがるソフトウェアに組み込まれることはありません。しかしソフトウェアの品質

を上げることには十分に寄与します。

　このモックを運用段階まで持ち越すことによって、運用時の不具合特定にも役に立ちます。多少手間はかかりますが、DIを通してデータベース接続や外部Web APIの呼び出しを行うことによって、同じソースコードあるいは実行ファイルを使って検証環境を作り、不具合検証を行うことが可能です。

　運用環境と検証環境の2つを用意しておきます。以前は物理サーバーを2つ用意するためにコストがかかりプロジェクトの費用を圧迫していましたが、最近ではコンテナや仮想環境、クラウド上のVPSを利用することにより費用を抑えられます。これにより、モックが無い状態で不具合を検証するよりも、モックがある状態で検証できるほうが効率よく対処できます。つまり、運用時のトータルコストを下げられるのです。

モックの活用法

　運用時も見越したモックのフレームワークはいくつかあります。しかし、すべてのプロジェクトでモックを利用しなければいけないわけではありません。そこには、アジャイル開発特有のエコシステムが働きます。

　既存のモックフレームワークを導入する場合には、フレームワークの手順に沿ってクラス設計やシステム設計をする必要があります。後付けで組み込むことは難しいため、設計段階で（スクラム開発であればスクラムマスターの決断、チケット駆動であれば初期のチケットとして）導入の可否を決めます。

　複雑なモックの導入であれば、チームメンバーの学習・技量も問題となるでしょう。このためトップダウン的にモックの導入を決める計画駆動のスタイルよりも、アジャイル開発においてはプロジェクトメンバーの同意が必要となるでしょう。

　運用時のモック活用を考えた場合、開発時のコスト、DevOpsを見通したときの運用コストを勘案して導入を決めるとよいでしょう。

- 開発時にのみ利用できるモックを自作する
- 開発時に未完成の外部Web APIをシミュレートするモックを自作する
- 運用したのちの検証時に利用できる、DIを含んだモックを利用する

- 検証時に豊富な機能（負荷テスト、遅延、ログ出力など）を利用する

　最もコストが安く効果的なのは開発時のみのモック利用です。自動テストに不足する部分だけをテストコードに追加します。このときのコードは、まさしく「治具」であり使い捨てで構いません。

○ モックにかけるコスト

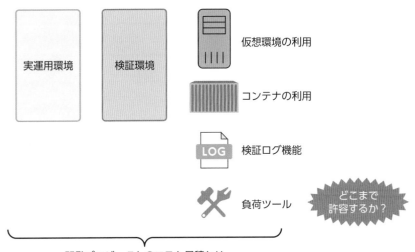

　小関智弘の著書『職人学』では、工事現場や金属加工の現場で治具が重要な役割を果たしています。金属加工を補助するためにその場で治具が作成され、五角形の穴の金属加工などが具体的に紹介されています。精密な金属加工では、2つの金属を寸分違わず完璧に合わせるために治具が不可欠なのです。
　先にも言及した通り、ソフトウェア開発において治具に相当するものがテストツールやモックなどです。市販のモックも存在しますが、プロジェクトに合わせて自作することが望ましい場合もあります。金属加工と同様、精密な調整が必要な場合は自作することが最適です。しかし、すべてのモックを自作することは現実的ではありません。市販のツールをカスタマイズし、現在のシステムに適合させる工夫が必要です。

Section

22 再現テストの環境構築

かつて開発プロジェクトのシステムテストに使われていた検証環境は、現在では、DevOpsの考え方によりシステム運用時のトラブルを検証する役割も担うことになります。ここでは、運用時の不具合を正確に再現できる仕組みを考えます。

検証環境を準備する

　DevOps（開発と運用の協力体制）を維持するためには、プロジェクトの開発を終える前に**検証環境**を作ることになります。システムの開発を終えた後、そのシステムが何年使われる予定なのかによって、検証環境を維持する度合いが決まってきます。

○ 運用環境と検証環境の比較

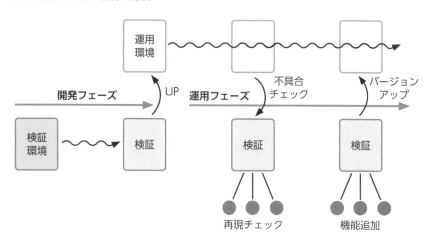

　その昔、綿密な要件定義と設計を欲していたウォーターフォール開発の成果物は、システムとしてリリースされた後はできるだけ触らないのが基本でした。リリースした後に動作している部分は、動作したままにするほうが安全なので

す。リリース後に不具合が発生している場合は、不具合を直すためにコードの修正そしてパッチをあてることになるのですが、実にリスクの高い作業です。

　現在では、Windows Update、AndroidやiOSのアップデート、数々のストアアプリのリリースなどからもわかるように、OSのみならず業務で使われる情報システムであってもリリース後のアップデートが必須になります。不具合の修正のみならず、機能改善や機能追加も求められます。

　検証環境が必要な理由としては以下が挙げられます。

- 不具合の対処を行ったときの動作確認
- 機能改善や追加を行ったときの動作確認
- OSやデータベースなどがアップデートしたときの動作確認

　運用中のシステムのOSやデータベースなどのバージョンを固定化しておく方法もあります。しかし、インターネットに接続されている環境の場合にはセキュリティアップデートの対処が必要であり、これはOSだけでなく利用しているミドルウェア（データベースや各種ドライバーなど）にも必要となります。

　幸いにして、昨今では運用環境とは別に検証用の環境を用意するハードルが下がっています。以前は物理的なサーバーをもう1つ用意しなければならず、コスト面の問題で気軽に検証環境を作ることができませんでした。時にはコールドスタンバイをしているサーバー機を検証機替わりに使って、リリース前のテストを行うこともありました。

　運用環境としてクラウドやコンテナ、VPSなどを利用している場合には、検証環境を用意するのは比較的容易です。コスト面でも、普段は停止しておきクラウド上で課金されない状態にすることも可能です。最近では、運用環境の構築にコードを用いることが多く（IaC：Infrastructure as Code）、手作業の部分は減っています。適切な環境構築のコードを作成しておけば、まったく同じ形で検証環境を作ることも可能でしょう。

　環境構築のコードとしては、データベースのエンティティを構築するためのデータファーストや、動作環境をDockerで作るためのdockerfileなどがあります。クラウド環境ではCLIを使い環境を構築できます。

再現手順を明確化する

　システムを開発する側、つまりアジャイル開発サイドのメンバーから見た検証環境の他に、システムを利用する側の視点でも検証環境の利用が可能です。ユーザー視点で検証環境を使うときは、運用環境では行えない手順を試してもらうこともできます。

　本番の外部Web APIを使った操作などは、完全に同じ動作にすることが難しいでしょうが、適宜モックを作っておきます。データベースは、検証用のものを作成しておいたほうがよいでしょう。最近ではデータベースのマイグレーション手順を作成することが主流なので、データの互換はとれそうです。

　ユーザー視点で検証環境を利用し、ユーザビリティ改善や不具合検出をするときには、**再現手順**を明確にしておきます。これは、漠然とした「動かなくなった」「思っていたのと違う動きをする」という感想を防ぐためです。ユーザーの体感的な感想も必要ではありますが、システムを修正する際には「どこをどのように直せば目的を達成できるのか」を明確にしておきます。つまり、修正箇所を「チケット」として書き出せるくらいの情報が必要です。ソフトウェア開発で使われる不具合チケット（バグチケット）が一例ですが、一般的な利用者にそこまで求めるのは難しいこともあるでしょう。

　ただ筆者の経験上、システムを利用している人は最もシステムの利用方法に精通している人（利害関係者）であるので、案外丁寧に状況を説明してもらえます。ゲームのようなものの一般的なユーザーならば話は別ですが、日々の業務で使うシステムであれば、システム利用者のほうが愛着をもって使い、効率よく使いたいという意志が強いのです。

　検証環境あるいは運用環境で利用者視点での動作を確認するときには、内部的なログ出力（操作ログやデータベースのスナップショット）も有効ですが、利用者にレポートの提出を依頼します。

- 実行した日付（できればおおよその時刻）
- 動作させたシステムのバージョン
- 動作させたときの画面キャプチャ
- （動作させたときの操作手順）

このため、画面キャプチャを貼り付けられるようにすると再現手順の作成が捗ります。画面内にシステムの動作時間（時計機能）とバージョンが表示されるようにしておけば、1枚の画面キャプチャで開発者に多くの情報を渡せるでしょう。

動作手順は細かく箇条書きにしてもらうのが望ましいのですが、開発者や専門のテスターでない限り、自分の操作を覚えている人は稀です。しかし、少なくとも「何が起こったかよくわからない操作をした」「変なエラーメッセージが表示されたが消してしまった」ということが無いようにします。

同じエラーメッセージを表示する場合でも、メッセージの後ろに独自の番号の付与や発生時刻を表示します。メッセージ自体はシステムを利用しているユーザー向けとして、独自の番号は検証のためのデバッグ用として利用します。運用環境では、システムの速度やストレージ容量の関係からログ出力を制限している場合が多いでしょうが、検証環境であればデバッグログを出力する状態にしておけます。ユーザーが検証環境で実行したときの操作を画面キャプチャの時刻から追うことも難しくはありません。

○ **再現のために必要な要素**

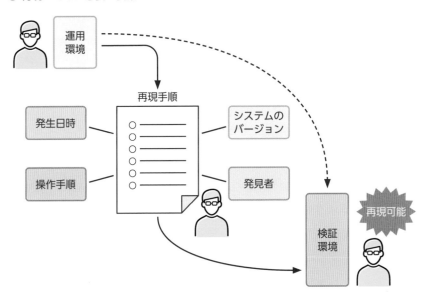

不具合を再現する

利用者の操作手順、あるいはテスターの操作手順がわかれば、不具合の再現はかなり容易になります。同じ環境で同じ動作を行えば、同じ不具合が発生できる確率は高まります。

ここで確率と書いたのは、同じ手順を行っても再現ができない場合があるためです。再現できない理由として、データベースの内容の違いやWeb APIの呼び出しタイミングの違いなどもありますが、最も難しいのはマルチスレッドで動作しているときの不具合再現です。

○ **不具合を再現するテストコード**

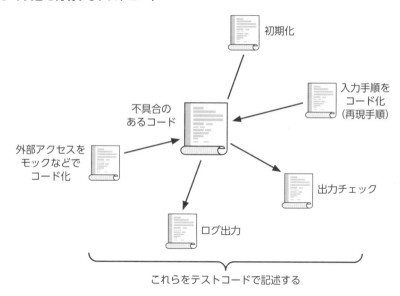

マルチスレッドやマルチプロセスで動作しているときの不具合は、メモリの書き込みタイミングやリソース（ストレージやデータベースアクセス）の競合に起因するものが多いでしょう。これらの不具合に関しては、たとえば10回に1回だけ発生する、場合によっては1000回に1回だけのタイミングで発生するなど、確率的に発生するという現象がつきものです。かつて筆者が高機能携帯（いわゆるガラケー）の基盤に導入するソフトウェアを開発していたとき

にも、このタイミングの問題に悩まされました。

このような、確率的に発生する現象に対してもテストコードが有効に働きます。

予約システムでの二重予約や座席システムの競合などのように、Webアプリケーションにおけるシステム不具合の場合、Web APIを順序立ててタイミングよく呼び出せば不具合の現象を発生させられます。Web APIというHTTPプロトコルのネットワークを介在せずに、Web APIを提供しているサーバーのサービスクラスを直接呼び出せば、もっと確実に不具合を再現できるでしょう。

このように、テストコードは単体テストや結合テストに利用するだけでなく、不具合の再現にも利用可能です。不具合が発生するように複数のAPIをテストコードから呼び出すようにしておけば、プログラムを修正した後の確認にも利用できます。

運用との連携

運用を開始したシステムで発生する不具合に対して、検証環境で再現をするためにシステムを運用している人たちの手助けが必須です。ジーン・キムらによる『The DevOps ハンドブック』[注5.2]には、フィードバックの原則として運用サイドの視点から手助けの手法が書かれています。

株の取引、医療関係、自動運転などのクリティカルなシステムでは、不具合による損失が莫大なものになります。同時アクセス数の多いゲーム業界では数時間のシステムダウンが損失を大きくするでしょう。一時的なアクセス増加といったクラウド運用などでカバーできる範囲もあれば、プログラムのコード自体を適切に修正して即対応しなければいけないことも多々あります。

現場での不具合が発生したときに何が起こったのかを発生時に正確に残しておく仕組みとして、トヨタのアンドンが示されています。

注5.2 『The DevOpsハンドブック 理論・原則・実践のすべて』／ジーン・キム、ジェズ・ハンブル、パトリック・ドボア、ジョン・ウィリス［著］／榊原彰［監修］／長尾高弘［訳］／日経BP（2017年）

Section 23 コード改修とテストコード

プログラマーの心理的安全性を保証するためのテストコード、という言い方が多くされますが、もっと実用的な面があります。コードの改修やリファクタリングの際にピンポイントにテストコードを書くと、その価値は跳ね上がります。

現状の動作を確認する

　テスト駆動開発では、ソフトウェアをコーディングしているときに常に**テストコード**が存在するため、この工程は飛ばして構いません。既存のプログラムにテストコードが存在しない場合は、「現状の動作の確認」からスタートします。開発中・動作中のシステムの改修・リファクタリングを行う場合、もしテストコードが無いのであれば、変更する前に動作確認用のテストコードを書きます。

　この場合、テストコードとしてすべての動作を網羅的に書く必要はありません。コードを変更する前後で動作が変わっていないことを確認するためのテストコードなので、基本的な正常系の動作だけでも十分でしょう。

　修正前のコードがクラスや関数でまとまっているならば、対応するxUnitのフレームワークのみを使って記述できます。修正する対象が外部システム（データベースやWeb APIなど）を利用する場合には、新たにモックを書くかどうか迷うところではありますが、現状の動作を将来的にメンテナンスするためには、適切なモックを作っておきたいところです。

　現状の動作をテストコードとして書けない場合にどうなるのか、ということを書き下しておきましょう。目の前のコードが正常に動作していると仮定し、何らかの機能Aを追加します。このときに、既存のコードが正常に動作していること（勝手に変更されていないこと）と同時に、追加した機能Aも正常に動作することを手作業のテストで確認することになります。

- 変更箇所以外の既存のコードが正常動作しているか
- 変更箇所の既存のコードが正常動作しているか

- 変更箇所以外の既存コードが、機能Aにより変化していないか
- 変更箇所の既存コードに機能Aが追加されているか

○ **現状の動作を確認するテストコード**

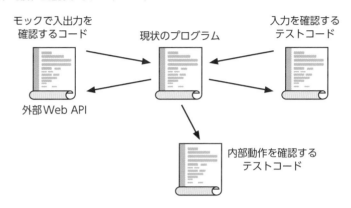

モックで入出力を
確認するコード

現状のプログラム

入力を確認する
テストコード

外部Web API

内部動作を確認する
テストコード

変更による影響範囲を見極めることは非常に難しいです。まして、変更してしまったシステムしか無い場合には、変更する前との動作の差分を確認する術がありません。変更前と後でシステムを二重化させておくか、コンテナや仮想環境を利用して変更前の動作を確認できる環境を作る必要があります。実際、近年では変更の際に検証環境を用意することが多いでしょう。

変更前後の動作を確認するために、変更前の動作をテストコードとして残しておきます。これにより、コードの改修途中に何度も確認できることが単体テストでの利点です。また、変更箇所以外の既存コードの動作に対してもテストコードを作ることで、既存の動作が変わっていないことも確認できます。

改修したい箇所の動作を書く

既存動作のテストコードを書いた後は、改修する機能のテストコードを書いてみましょう。

改修部分に関しては、通常のテスト駆動開発と同じようにテストコードを先に記述するのがベストではありますが、部分的にでも構いません。改修した箇所が本当に期待した通りの動作になっているのか、の確認作業になります。

プログラムは書かれたコードの通りに動くものではありますが、人は自分自身が期待する動作を確実にコードに落とし込めるとは限りません。仕様書や設計書が仮に正確無比であったとしても、人が解釈をしてコードを書いている限り、コードが真の意味で期待通りに動くとは限らないのです。このために、改修した箇所については「本当に期待通りに動くのか」というテストコードを書きます。あるいは、テスト駆動開発のように期待する動作をテストコードとして書いた後に、それに沿う形で改修コードを書いていきます。

○ 改修後の動作のテストコード

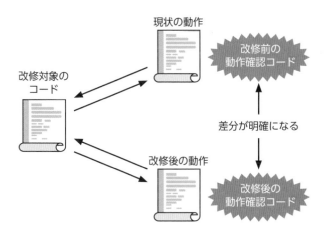

　将来的にAIがソースコードを書くようになったとき、テストコードを書く作業が省略できるかどうかはわかりません。ひょっとすると、AIが出力するコードをテストするコードを、別のAIが確認する必要があるかもしれません。少なくとも、現在のところ完璧な仕様書を書く方法や、その仕様書をもとに正確で完璧なコードを生成する方法は見つかっていないので、改修後のテストコードを書いたほうが効率はよさそうです。

対象コードを変更して確認する

　既存の動作を確認するためのテストコードと、改修後の動作を確認するテストコードの2つがあれば、安心してコードに手を付けられます。コードを変更するたびに（コンパイルが通るたびに）テストコードを動かせば、変更前と変更後の動作が逐一確認できます。

- 変更箇所以外のテストコードは常に成功（グリーン）
- 改修対象のテストコードは常に失敗（レッド）

　手を付ける前はこの状態からのスタートです。コードを変更するたびに、変更箇所以外がレッドにならないように注意します。
　既存の動作は、パラメータの変更や関数内でのif文を少し変更しただけでも変わってしまいます。
　最終的に改修済みのコードができあがったときには、両方ともグリーンになるでしょう。

- 変更箇所以外のテストコードは常に成功（グリーン）
- 改修対象のテストコードは成功（グリーン）に変わる

　テストファーストの肝は、変更前後の動きの違いが明確になることです。極端なことを言えば、コードに1行追加したことによりシステムの動作が変わるかどうかの確認ができます。コードを追加（あるいは削除）したときの動きは、UIの動きや画面に出てくるメッセージで確認ができるかもしれません。しかし、モニタではどうしても人間の目での確認が必要になります。また、変化していない部分を見つけるのはなかなか難しいものです。
　テストコードを書いたからといって完璧に変化を網羅できるとは限りません。しかし、再確認すべき部分を何度も繰り返しテスト可能であること、コードを戻して再確認できることが、動作確認のためのテストコードを書く最大のメリットです。さらに、自分以外の人にも再確認してもらうことが可能になり、人に依存しない再現性の高いテストになります。

テストコードの保守性

原則として、システムが稼働している限りテストコードをメンテナンスすることが求められます。しかし、現実的には難しいことが多いです。では、いつまでテストコードをメンテナンスし続ければ効率がよいのでしょうか。

テストコードの賞味期限

　ここでは、テストコードがいつまで有効なのかを議論してみましょう。

　生鮮食料品と同じように、賞味期限と消費期限を分けてみます。賞味期限はテストコードが十分に既存コードを有効にテストできる期間、消費期限はテストコードがなんとか既存コードについていっている状態とします。そして、消費期限を過ぎてしまったテストコードは、もう喰えない、いや使えないテストコードのこととしておきます。

　当然のことながら、プログラムのコードに対して単体テストのコードを作った状態は、テストが成功している状態です。対象のコードを修正しない限り正常に動いていると考えられます。

○ **賞味期限と消費期限の差**

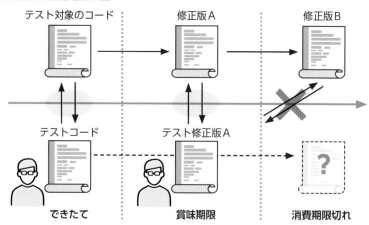

114

ところが、テスト対象のコードがそのままであったとしても、テストが失敗することがあります。たとえばシステムの周辺環境が変わったとき（データベースの変更、Web APIの戻り値の違いなど）にテストコードが失敗する可能性があります。具体例を挙げると、戻り値が0と1だけだったものが-1も対象になった場合などです。この場合、テストが失敗しているにも関わらず、テスト対象コード自体は正常に動作しています。

　これは、ナイトビルドなどの日々の回帰テストにより判明することが多いです。このような場合は、失敗したテストコードを修正して成功するように変更します。変更部分は軽微なものであり、テスト対象のコードも変更していないのですから、テストコードを少しずつ直すことで使えるようにしていきます。

テストコードの消費期限

　さらに時間が経過した状態で、テスト対象のコードに改修が入ったと仮定してみましょう。

　改修コードに対してすでにテストコードがあるのならば、修正作業は効率的に進められます。既存のテストコードがすべて成功している状態から改修をスタートします。

　コードの変更方法は「Section 23　コードの改修とテストコード」と同じ手順を踏みます。

- 既存のテストコードがすべて成功（グリーン）状態であること
- 改修する動作をテストコードに追加する
- このままの状態でテストコードが失敗（レッド）状態になること
- 対象のコードを改修する
- 既存のテストコードが失敗しないことに注意する
- 追加したテストコードが成功するまで繰り返す

　テストコードに対して、追加あるいは多少の修正で済む状態であれば、テストコードの消費期限内と言ってよいでしょう。

　コードのリファクタリングを行う場合も、同様にテストコードの消費期限を

考慮します。リファクタリング対象の構造があまりにも変わりすぎる場合には、既存のテストコードをいったん破棄する必要もあります。こうなると、もうそのテストコードは用済みであり消費期限切れになっていると言えます。

　無理矢理既存のテストコードを直すのではなく、破棄してしまうのも1つの方法です。開発途中では品質を向上させるために網羅的なテストコードを書いたとしても、運用段階になると、テストコードを正常に動作させること自体が負担になってしまうことも多いものです。

捨てられないテストコードが生産性を下げる

　賞味期限も消費期限も過ぎてしまったテストコードの保守は、生産性を下げてしまいます。

　メンテナンス自体に大きな予算が付けられるのであれば（それが高品質を確保するためならば）、古いテストコードの保守に費用をかけることは重要でしょう。実際、長くオープンソースとして公開されているソフトウェアに、丁寧なテストコードが付けられているものは多いです。少し古めの、C言語やC++で作成されているライブラリなどは、makeコマンドでビルドをするときに必ずテストコードが動くものが多くあります。

　しかし昨今のような複雑なシステム、とくにWeb APIを含んだWebシステムや、利用しているフレークワークなど（Node.jsやPHPライブラリなど）が頻繁に変更される場合は、それに追随するためにテストコードを10年単位で保守するのは困難でしょう。また、Webアプリケーションの場合は、システム自体の寿命がそれほど長くはならず、次のシステムに移行するであろうという予想も立ちます。

　このような場合には、テストコードを削除してしまいましょう。

　プログラミングによって価値を創出しているのは、まさしく動作するコードであり、テストコードを書くこと自体に膨大な費用をかけるべきではありません。テストコードは対象コードの品質を保つためにあるのですから、コストパフォーマンスの観点から捨て去る勇気も残しておきましょう。

◉ 生産性を下げるテストコードの例

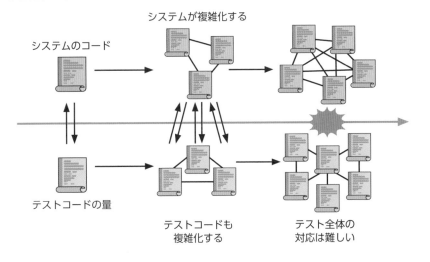

システムのコード

システムが複雑化する

テストコードの量

テストコードも
複雑化する

テスト全体の
対応は難しい

利用者マニュアルとしてのテストコード

テストコードはプログラムをテストするためのコードではありますが、もう
1つの利用方法があります。

たとえば、フレームワークの関数やクラスを利用するためのサンプルコード
としての役割が考えられます。クラスの初期化や利用方法、パラメータの設定
などをマニュアルとして詳しく記述するよりも、コンパイルして動作するサン
プルコードとして残しておくと、フレームワークの利用者にとって便利です。

とくに複数のクラスを組み合わせるフレームワークの場合には、「どの順番
でどのクラスのメソッドを呼び出せばよいのか」などをマニュアルから読み取
るのは大変です。ヘルプマニュアルとして整理された形で残すことも可能です
が、マニュアルの内容をフレームワークのバージョンアップに追随させるのは
なかなか大変です。結果として、すぐに陳腐化してしまう可能性があります。

その点、テストコードとして残しておけば、実行自体は自動テストとして
チェックされ、かつフレームワークの簡単な使い方としてのマニュアルの役目
も保てます。フレームワークがバージョンアップしたときにテストコードが失
敗となるため、利用者がどのあたりでつまずくかを知ることができます。

これは同時に、マニュアル（サンプル）として利用するテストコードを記述

Chapter

5

自動テストの導入

する際に、開発者自身が「複雑なクラスやメソッドの呼び出し方をしていないかどうか」に気づくことを可能とします。テストコードは常に利用者視点のコードになるため、マニュアルとしてのテストコード自体が複雑すぎたときは、フレームワークの設計を見直したほうがよいという信号にもなるのです。

ポンチ絵の再考

　工学の分野では、設計図の作成やCADツールを使う前に手書きで「ポンチ絵」を描くことが多いです。ポンチ絵は官僚が描くそれとは異なり、最初の構想の整合性を確かめるための大切な手書きの図になります。ファッション業界で言えばアイデアスケッチやラフ画のようなものでしょう。頭の中のアイデア（デザインの構想）を、言葉や会話の雰囲気だけでなく客観的に見えるように書き出す作業です。自分のアイデアを客観視するようなものでしょう。

　かつて、工学の作図は手作業で非常に手間がかかりました。ポンチ絵は作図の作業を効率よく行うための指針とも言えます。

　ソフトウェア業界にも、手書きのUMLやペーパープロトタイピングという、手作業を主とした方法があります。もともとUMLの書き方が厳格に決められる前は、ホワイトボードに簡単に手書きができ皆とアイデアを共有できるものとして広まったものですから、UMLにしても図としてさっと描けるくらいの手軽さが必要と思われます。

　ペーパープロトタイピングは、あえて完成品に見えない見た目を作ります。手書きの図あるいは手書き風のフォントを利用する、紙芝居のように画面を構成することによって、ユーザーに対して「完成品」ではないことを主張します。つまり、完成品ではなく試行錯誤の段階なので何らかのアイデアや変更を盛り込む余地があることを明確にします。設計図の段階で「完成品」とそっくりにしてしまうと、手を入れる余地がなくなってしまうためです。

　設計に先立ってポンチ絵を書き下すとよいでしょう。ノートにペンを使って書く、ホワイトボードに簡単な図を使って書く、というだけで普段とは違った頭の働きができるようになります。

Chapter 6

コミュニケーションと
振り返り

アジャイルのスクラム方式で重要なコミュニ
ケーション手段として、スタンドアップミー
ティングがあります。同じ場所で毎日少しだけ
会話をするパターンは、各人の価値共有として
も有効な手段です。

スタンドアップミーティング

開発プロジェクトにおいて週単位で進捗会議を行うと、プロジェクト内の報告が最大1週間遅れてしまいます。これを回避するための仕組みが、毎日行うスタンドアップミーティングです。

スタンドアップミーティングとは

スタンドアップミーティングはアジャイル開発（スクラム）での重要な会議体の1つです。スタンドアップミーティングは、毎日決まった時刻にプロジェクトメンバーが集まり、立ったままで現状の報告をします。時間は15分程度に限定します。

いわゆるソフトウェア開発プロジェクトが進捗会議を開くときには、週単位あるい隔週単位で関係者が集まり、資料を作り、それぞれの進捗具合を報告します。会議時間は1時間あるいはそれ以上かかることも珍しくありません。

進捗会議に集まるのはプロジェクトマネージャーと顧客で、プロジェクトメンバーは参加しないことが多いです。進捗会議のためにプロジェクトメンバーがマネージャーに報告をし、マネージャーが資料を作って顧客に報告します。顧客が進捗状態を確認して、何かアイデアをマネージャーに伝えたとしても、それがプロジェクトとして実行できるとは限らないので、会社に持ち帰ってプロジェクトメンバーと相談します。答えを返せるのは次の定例会議（来週または再来週）のときです。

スタンドアップミーティングでは、このような遠回りな定例行事を効率よくまわせるようにします。少なくとも、週1や隔週の単位ではプロジェクトは機敏（アジャイル）に動けません。

- 毎日行うことで、今日やることが明確になる
- 会議の開始時間を決めておくことで、各自の時間調節がいらなくなる
- 15分間という短い時間に制限しておくことで、開発者の時間を浪費しな

いですむ

- 立ったまま会議をすることにより、疲れる長時間の会議にはならない

こうしたメリットがスタンドアップミーティングにはあります。

ただし、この方式を採用できるのは、プロジェクトメンバーが同じ時間・同じ場所に集まる場合に限ります。

○ スタンドアップミーティングの条件

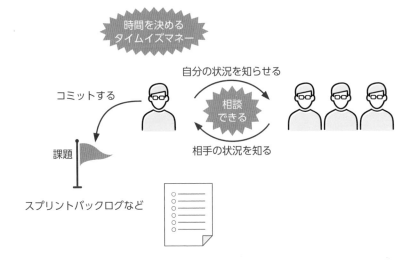

今日やることを共有する

スタンドアップミーティングの利点は、情報交換の効率化やチーム内のモチベーションアップだけではありません。もっと具体的な効用がこの会議方式にはあります。

ソフトウェア開発は、基本的に労働集約的な仕事になります。稀に、一部の天才が設計し、その設計に従ってまわりが開発するというような軍隊式を目指すところもありますが、開発者が「兵隊」でない限りあまりうまくいきません。もちろん、トップダウンの軍隊式あるいは工場式を否定するわけではありませんが、本書ではアジャイル開発を主として考えるため、プロジェクトメンバー

の労働集約方式を考えます。

　複数の人が集まるとコミュニケーションコストがかかってくるというのは、『ピープルウエア』(P.092の注4.4を参照)に書いてある問題です。工場のオートメーションとは異なり、メンバーの技術力や進捗具合が異なる点がチーム開発の難しいところです。

　チーム内のコミュニケーションあるいはチームが出すパワーについては、『知識創造企業』(P.025の注2.3を参照)で紹介されている「刺身システム」(→Section 41)や、アメーバー経営などを参考にできます。どの方法であってもメリット・デメリットがあるため、状況によってメリットを活かす方法や、活かすようチームの環境を整えることが求められています。

◯ 自分のまわりの状況を知るために

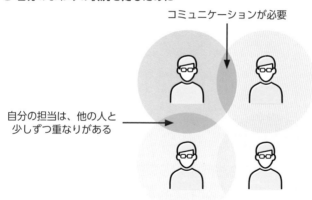

コミュニケーションが必要

自分の担当は、他の人と
少しずつ重なりがある

　スクラムにおけるスタンドアップミーティングでは、短時間ではありますが、チームのメンバーが何をやっているのかを把握するよい機会を得られます。

　毎週、隔週といった定例会議方式による最大のデメリットは、全員の相互情報共有に時間がかかることです。開発者が100名といった規模の開発現場では、全員の進捗状況や困りごとを1ヶ所に集まって報告しあうと膨大な時間がかかってしまうことは容易に想像できます。また、100名が同じ場所に集まるという会議室の問題もあり、ほぼ不可能です。

　このため、分割統治の考え方から100名のプロジェクトを数名ずつの子プロ

ジェクトとして分割、あるいは協力会社という形で外部に発注して分割をします。その子プロジェクトごとのマネージャーあるいはリーダーが取りまとめを行い、代議制のように各プロジェクトの進捗や問題を話し合います。これはアメーバー経営に出てくるチームの作業と変わりません。

スタンドアップミーティングが活用できるのは、5名から10名以内のメンバーが同じ場所に集まることが条件です。それ以上の場合は、スクラムのチームなどを分割することが勧められています。

小さなチームであれば、ミーティングの中で今日やることを共有可能になります。各自が今日やることを知るということは、同時に、チームメンバーの動きを見ながら自分の動きを変えることもできるのです。逆に見れば、自分の動きをメンバーに伝えることによって、チーム全体の動きを少しずつ最適化することが可能になります。

この情報のやり取りが、『知識創造企業』で紹介されている刺身システムにあたります。完全に分業してしまうのではなく、少しずつ相手の状態を知り、不足分を補えるようにします。実際に補うかどうかは別の問題ですが、少なくとも戦場で突撃するときに無線封鎖されているよりも、無線でやり取りできるほうがよいでしょう。それがガラケーであったとしても。

情報が無いところで盲目的に作業をするのではなく、各自がまわりの状況を見て動ける状態を作るのが、今日やることを報告する最大の目的です。

失敗学の提唱者である畑村洋太郎著『技術の創造と設計』[注6.1]には、「組織の中での役割分担と実際」という図があり、若い組織（成長途上の組織）では自分の担当の領域が相手の部分に重なっています。組織は成熟していくと分業が明確になり、彼我の仕事をうまく分離しやすくなります。相手の仕事に干渉しなくなり、これは効率的ではありますが、開発途中では遠慮のかたまりとして実装漏れになりがちです。

アジャイル開発のミーティングでは、常に若い組織を目指していきます。ラガーマンがパスをするときにまわりを見るように、アジャイル開発者もまわりを見ながらパスを出す、あるいはパスを受ける位置に動くとよいでしょう。

注6.1 『技術の創造と設計』／畑村洋太郎 [著]／岩波書店（2006 年）

Section 26 同じ時間に集まることが できない場合

スクラム方式で行われるスタンドアップミーティングですが、同じ場所に集まることができないプロジェクトではどうしたらよいでしょうか。たとえば、海外チームと共同作業をする場合の時差などを考えます。

時差がある場合

　新型コロナウイルスが蔓延し、ソフトウェア開発を取り巻く状況も一変しました。オンライン会議が増えたこともそうですが、プロジェクトメンバーが自宅からのリモート開発にシフトした影響が大きいでしょう。執筆時点では新型コロナウイルスの影響はまだ残っていますが、IT企業であっても徐々にリモートワークの枠が減っており、会社に通勤して仕事をする従来型のスタイルに戻りつつあります。

　本書ではリモートワーク自体の是非は問いません。ですが、リモート方式であれ1ヶ所にまとまる方式であれ、プロジェクトのメンバーがアジャイル開発を進めるうえでの障害を乗り越えなければなりません。

○ OSS（オープンソースソフトウェア）開発の例

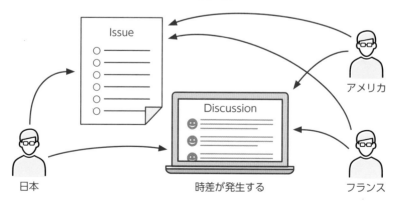

Issue

Discussion

アメリカ

日本　　　　時差が発生する　　　　フランス

GitHubなどで公開されているOSS（オープンソースソフトウェア）の開発プロジェクトでは、開発者の国や地域がさまざまな場合が多いです。母国語の違いはさておき、国が違えば端的に時差があります。日本の場合、ヨーロッパやアメリカの開発者と共同作業をするときはどうしても数時間～十数時間の時差が発生します。グローバルなプロジェクトでは、チームメンバーでミーティングを行うときにはアメリカなどの時間に合わせることが多いでしょう。アメリカ時間に合わせると、日本の開発者はだいたい真夜中に会議をすることになってしまいます。

筆者の経験上、時差のある場合はどこかの時刻に合わせるしかありません。こうしたケースでは開発者が多い側に合わせることになるので、アメリカ時間などになってしまうのは仕方が無いところです。

一方で、ベトナムや韓国、オーストラリア、タイなどが日本からの時差の少ない地域です。時差の少ない地域とのミーティングは平日の日中に行えるので、ミーティングがやりやすくなります。これは、海外開発者とチームを組もうとするときの優先的な制限になります。

GitHubを使ったOSS開発プロジェクトのように、Issueという形で担当を分けてしまう方法もあります。Issueの場合は担当が明確になり、Pull RequestやCommitという形で、誰が何をやっているのかがわかりやすくなっています。Pull Requestに対してもコメントが付けられるので、積極的にIssueを活用すれば、スタンドアップミーティングの「今日やることの報告」と同じ効果が得られます。

作業時間が異なる場合

このように、海外の開発者とチームを組むときは時差の問題が避けられません。では、これと似たような状況として、個人ごとの作業時間が異なる（朝型や夜型など）場合はどうでしょうか。

前述した通り、スクラムのスタンドアップミーティングの場合、プロジェクトメンバーが同じ時間・同じ場所に集まることが条件です。ちょうど会社の朝礼のようなもので、実際に「朝礼」として短時間の報告会をしているプロジェクトもあります。

現実にはプログラマーは夜型も多く、朝の朝礼には向いていません。筆者も

そうだったのですが、とくに若いうちは朝起きるのがつらく（夜更かしが多いので当然なのですが）、朝10時の出社で朝礼代わりにスタンドアップミーティングをするのは相当につらいのです。ところが歳をとると朝型になってくる（単に老化で夜長く眠れないという話もありますし、実際にそうです）ので、午前中にミーティングがあっても大丈夫になります。実は、これがスクラムチームのミーティングの場合はかなりの障害になります。

◯ **朝礼とスタンドアップミーティングの違い**

朝礼型　　　　　　　　　　　　スタンドアップミーティング

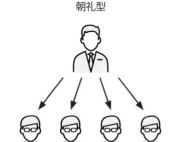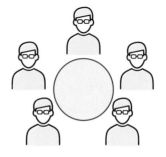

　1つの方法は、ルールとして午前中、あるいは午後という形で決めてしまうことです。スクラムの場合は「価値観」を重要視するので、ミーティングのタイミング（コアタイムなど）が合わないメンバーをプロジェクトに入れることは避けておきましょう。無理に合わせる必要はありません。あるいはメンバーがすべて夜型であるならば、午後からのスタートで統一してしまっても構いません。

　では、それ以外の場合はどうするのでしょうか。たとえば会社内のプロジェクトでは、チームメンバーを選択できないことも多いです。とある部署内で、社員あるいは契約社員でスクラムチームを組むこともあるでしょう。このような場合、一般的な「朝礼」という形でミーティングを行いがちです。ただ、これはスクラムで言うところの「スタンドアップミーティング」にはならないので注意してください。

　スタンドアップミーティングを行う理由かつ効用としては、チームメンバーの動向をメンバー同士が相互に知るところにあります。相互に自分の進捗を報告することにより、相談事もしやすくなります。チームとしての集合知が働きやすい状態を作れるのです。しかし、形式的な「朝礼」というスタイルでは集

合知が働きません。このような場合は、先に解説した時差がある場合のチームビルディングのように、掲示板などをうまく活用することをお勧めします。

情報伝達のコストと違い

朝礼型とスタンドアップミーティングでは、情報伝達の仕方が大きく異なります。

朝礼型は、社長が全社員に通達をするような一方向の情報伝達です。品質管理システムの周知徹底、社内規定の通達のような、全社員が知ってほしい事項を知らせるにはこのような伝達の仕方のほうが効率がよいのです。さらに、文書にして配布をすれば時間単位のコストを格段に下げられます。文書に対して何か疑問があれば、適宜フィードバックをすればよいのです。

対するスタンドアップミーティングでは、同じ場所・同じ時間を共有するために時間単位のコストは高くなります。しかし、高いコストをかけてでもミーティングを開くのは、それを上回る効果を求めているためです。自分の状況を知らせること、相手の状況を知らせることで、手助けが可能になりトータルとして開発プロジェクトを安全に進められます。

なお、長めの質疑がありそうなときにミーティング後に個別に行うのは、全員が集まる時間コストが高いためです。

○ **周知徹底と相互理解の場**

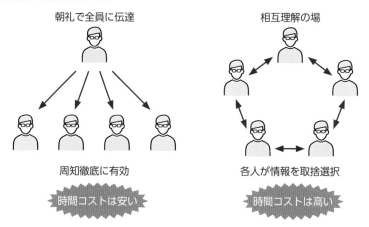

朝礼で全員に伝達　　　　　　　相互理解の場

周知徹底に有効　　　　　　　各人が情報を取捨選択

時間コストは安い　　　　　時間コストは高い

Section 27 リモート作業への応用

アジャイル方式では、同じ空間を共有することでコミュニケーションが素早く行われることを利点としていました。ここでは、「同じ空間を共有する」とは本質的に何を求めているのかを考え直し、リモート作業への応用を探ります。

同じ場所で作業をする

　アジャイル開発のメンバーが同じ部屋で仕事をすると開発効率がよくなる、という点は『ピープルウエア』（P.092の注4.4を参照）にも書かれていることです。同じ空間にいると、よほど仲が悪くない限り何らかの疑問や問い合わせを手軽に交換できます。

　チームメンバーの席の配置については、中央を向くよりも、外側に向いていたほうが効率的です。モニタ越しに人がいると少し気が散るので、普段は外側向いて仕事をし、適宜真ん中にテーブルを置くなどしてミーティングが開けるようにしておきます。

○ 部屋の配置

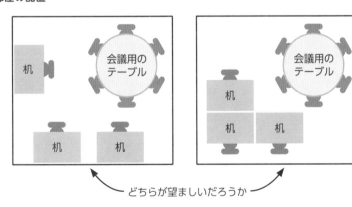

どちらが望ましいだろうか

ただし、昨今のフリーアドレス形式のオフィス、リモートワークを含むチームの作り方、バーチャル会議室を使ったミーティング方式などを考えると、必ずしも「物理的に」同じ場所にいなくてもチームとしての生産性を上げられるかもしれません。

　新型コロナウイルス対策として、会社に来て同じ部屋を共有するときはマスクをするルールになっているかもしれません（執筆時点では、マスクは個人の判断へ移行しました）。働き方改革や自由な勤務場所を確保するために、また介護や子育ての時短勤務を有効にするために、フレックスやコアタイムを自由にとれる体制かもしれません。

　このような状況にあって、アジャイル開発はどのように「機敏（アジャイル）」に対処できるでしょうか？

　もともと、同じ部屋にチームメンバーを集めて仕事をするというスタイルは、計画駆動のように設計に忠実に作るのではなく、柔軟な設計や開発スタイルを取り入れてリリースする製品を時代にフィットさせていこうという目的があります。ならば、同じ部屋にいる必要は無く、同じ部屋にいる雰囲気を醸し出すだけでも十分だろうということが考えられます。

　同じ部屋にいる雰囲気の具体例として次のものがあります。

- バーチャル会議室のように、ブラウザ上に現在の座席を表示する
- チャットツール（Slackなど）の活用
- IP電話をつなぎっぱなしにして作業をする

　Webカメラを付けっぱなしにする方法もありますが、監視されているような雰囲気がある、あるいは上司が監視を始めてしまうというデメリットが多いのでお勧めできません。

　もちろん上記の方法においても、積極的に干渉するわけではないことに注意が必要です。実際、同じ部屋にいて開発を行うときも頻繁に話しかけるわけではありませんので、同じように過ごせば問題ありません。

同じ情報を共有する

　同じ部屋で作業をするところに重きを置くのは、お互いに頻繁に情報をやり取りしたいためです。チームのメンバーに何か質問をするときに、いちいちメールを書いて尋ねるのでは効率が悪いです。場合によってはチャットであっても効率が悪い。後ろにいる同僚に対して「ちょっと、いいですか？」と声をかけるぐらいの手軽さが必要でしょう。

　この気軽さは、実際のチームで実現できるとは限りません。単純に仲が悪いのかもしれないし、社員と派遣社員の差があるかもしれません。上司と部下の関係をスクラムチームに持ち込んでいるかもしれないし、年齢的な遠慮（年下から年上、あるいは年上から年下へ）もあるでしょう。立場が違えばコミュニケーション方法も異なるでしょうから、円滑なコミュニケーションさえあればスクラムチームが破綻しない、というのは理想論に過ぎないでしょう。

○ **集合知を促進させる**

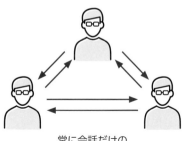

常に会話だけの
コミュニケーションは難しい

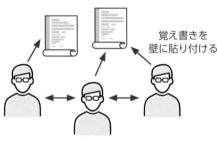

覚え書きを
壁に貼り付ける

設計をUMLで図示する

「円滑な」という漠然とした雰囲気の言葉ではなく、具体的にチームとして情報（集合知）を共有できる環境を作ります。

ウォーターフォール開発方式において、要件定義書や設計書のような数々の「文書」は、後続のコーディングやテスト工程において明確な指針になります。極端なことを言えば、設計書に書いてあることを忠実に書き起こすのがコーディングで、設計書に書いてあることが正確にコーディングされているかどうかをチェックするのがテスト工程です。逆に言えば、設計書に書いていないことはコーディングできませんし、されません。ですから、厳密に設計書が作成され、まったく間違いが無いように設計書や要件定義などで網羅する必要があります。

ですが、現実問題としてこれは無理です。

アジャイルソフトウェア開発宣言（→Section 01）にもあるように、アジャイル開発は変化する現実に対して立ち向かわねばなりません。現実から離れてしまった要件定義書や設計書に従ってコーディングをしても、できあがったソフトウェアは現実とはかけ離れたものになってしまいます。

ウォーターフォール開発において設計書がチームメンバーの指針となるものならば、アジャイル開発においても同様な指針があれば十分です。それは、硬直化した設計書とは違います。

- チームメンバーが問題だと思う設計あるいは実装
- 将来的にプロジェクトの障害となりそうな設計や要求
- リリース後に問題となりそうな実装の場所

といった、リスク管理やリスクを回避するための考え方などをチームで共有しておきます。これらの情報の共有は、個人の暗黙知から集団の暗黙知としてのSECI（→Section 42）の流れに沿うとよいでしょう。あるいは、次のSectionで示すようにホワイトボードなどを利用します。

Section 28 ホワイトボードの活用

あらかじめ資料を用意するのではなく、その場で図を描くことのできるホワイトボードを活用します。学校の板書のような一方向の伝達だけではなく、その場で議論もできるのがホワイトボードの活用の仕方です。

暗黙知を図示する

Chapter 10のSECIモデル（→Section 42）でも解説しますが、人の知識には**暗黙知**と**形式知**があります。暗黙知は人の頭の中にあってまだ文章化されていないものです。自分だけの頭の中あり、テレパシーでもなければ誰かに内容を伝えることはできません。自分だけがわかっている知識です。

自分だけの知識を誰かに伝えようとするのが**コミュニケーション**です。コミュニケーションをするときには、何らかの伝達手段が必要です。師弟関係のように「背中を見て育て」という暗黙知の伝え方もありますが、現在の多くの仕事場では図示や文書といった目に見える形式知にして伝えられます。

形式知の伝え方もさまざまです。たとえば本書のように、文章を執筆し、構成を直し編集を行い、書籍という形で知識を伝える方法もあります。科学論文や数々の書籍、厳密な契約書、要求定義書などはこの伝達の仕方にあたるでしょう。

しかし、アジャイル開発においてこのような知識の伝え方をしていてはいくら時間があっても足りません。厳密な文書を作ろうと思えばそれなりに時間がかかってしまいます。時間がかかっているうちに周りの状況が変わってしまう可能性も高く、文書、つまりドキュメントが状況に合わなくなってしまいます。

そこでもっと手軽に、効率的に暗黙知を伝える手段が必要です。アジャイル開発での限られたメンバーに対してならば、厳密な文書は過剰と言えるでしょう。このための**ホワイトボード**です。その場でさっと書いて示せる図や短い文章をホワイトボードに書き連ねます。

UMLのクラス図などの記述が簡素であるのは、もともとUMLは手で書くこ

とを目的としていたからです。現在ではツールを使ってUMLを書くことが多いのですが（筆者もmarkdownを使ってシーケンス図を書くことが多いです）、数名のメンバーと共有するためにはホワイトボードにUMLを手書きするのが最も手っ取り早い手段になります。

○ **もともとUMLは手書きだった**

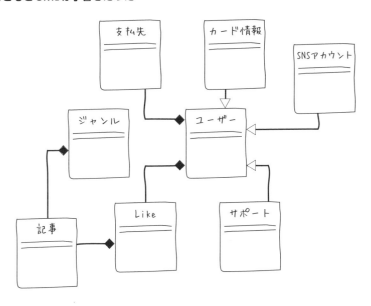

暗黙知を形式知に変換する

　一人の頭の中にある設計を、その人自身がプログラミングするならば暗黙知のままで構いません。「1週間後の他人」である自分のために何らかのメモを残すことはあるかもしれませんが、正確な設計（詳細な関数名や引数名など）を文書にするよりも、単純な箇条書きで十分と言えます。

　しかし、自分も含めて複数名のチームで開発を行っているときは、頭の中だけにある暗黙知だけではよいソフトウェアを作ることはできません。いや、ソフトウェア職人気質的（→Section 02）に暗黙知の伝播をすれば可能ではあるかもしれませんが、いつでも可能な手段とは限りません。より一般的に伝わるように、かつソフトウェアの専門家（プログラマー、システムエンジニア、マネー

ジャーなど）が退屈にならないような冗長さを除けばよいのです。ちょうど、暗黙知の直接的な伝達と厳密な形式知との間にあたるものを求めます。

　ホワイトボードに描かれる設計図は、大学の先生の板書よりも厳密なものではありません。最近は大学の先生も事前にプレゼン資料を用意して学生に配ることが多いようですが、ここでの板書とはいわゆる黒板に白墨で書くことを指します。数式の板書であれば、先生が数式を書き解いている途中経過が見られます。最後にできあがったきれいな数式ではなく、数式を書いている過程、つまり先生が思考している過程を板書という形で学生は見られるのです。

　同じように、チームのメンバーの説明役（アジャイル開発では皆が設計者であり皆がコーディングする人です）がホワイトボードの前に立ち、解説を試みます。このとき、説明役の頭の中にある暗黙知を他のメンバーに伝える過程が生じます。同時に、説明役の思考の過程がホワイトボードに描かれていきます。説明役はあらかじめ資料を作らなくて構いません。その場で考えて、自分の考えを目の前の人に説明する、その中で間違いがあっても構いません。それは、聞いている他のメンバーがその場で間違いである、あるいはもっとよい方法がありそうだ、といった意見を言えるよい機会になるからです。

　SNSで「集合知」という言葉がよく使われますが、それと同じ現象を作ることが可能です。間違いを指摘して揶揄するためにホワイトボードで説明させるのではなく、正確無比な伝達を説明役に求めるのではなく、議論を発展させてよりよい設計あるいはコーディングを行うために、ホワイトボードというサンドボックス（砂場）を使うのです。

知識の差異を明確にする

　アジャイル開発のプロジェクトメンバーは、できることならば同じ知識分野かつ同程度の知識量を持っていることが望ましいのですが、現実ではなかなかそうはいきません。

　上司・部下の関係でウォーターフォール開発を行うのであれば、優秀な設計者を一人据え、平凡なコーダーを集めてシステムを組むことも可能でしょうが[注6.2]、あまり人間的とは思えません。少し変わった関係として、共同開発者と

注6.2　理論的に可能とは言っていますが、筆者としては現実的には不可能だと考えています。

いう形式で分野の異なる専門家を集めて開発をすることもあるでしょう。研究分野の場合はこの方式が適していると思われます。

しかし、ここではもっと一般的なアジャイル開発のチームを考えてみましょう。

一般的なアジャイル開発チームでは、年長者のチームリーダー（スクラムであればスクラムマスター）がいて、年齢がばらばらなメンバーが揃っています。同じ世代のメンバーもいれば、異なる年代のメンバーが集まることもあります。年代が違えば経験も違います。

宮大工のように古い技術を伝承する方法もあり、サグラダファミリアのようにあえて古い工法で建築を行うパターンもあります。一方で大阪城の天守閣を最新工法で修復するパターンもあるでしょう。時代と予算にマッチしたものを選び出そうとするときに、各人のバックグラウンドにある知識を表に出していくことが重要です。

○ **図を書くことによって認識を再確認する**

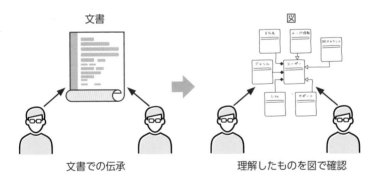

文書

図

文書での伝承

理解したものを図で確認

予算と開発期間に見合ったノウハウが、各人の経験の中にあります。それらを突き合わせてホワイトボードに書き出すと、知識の差異が明確になります。相手が何を考えているかを明確にすることが目的であり、間違った知識を指摘したり、相手を知識でへこませたりする場ではありません。また、自分の中に漠然と持っている知識をホワイトボードに書き連ねることによって、自分の目で再確認することも重要な要素です。

やらないことリストと振り返り

Section 29

開発プロジェクトでは、たくさんの「やらなければいけない項目」があります。すべてを頭に入れて行動するのがベストですが、脳の容量は有限です。やらないことを決めて頭から追い出すことにより、やるべきことを明確にします。

考えなくてよいことを増やす

ToDoリストや数々のタスクリストの書き出しは、これからやらないといけないことを明確にする利点がありますが、一方で頭の中を圧迫してしまう欠点があります。たとえば、開発プロジェクトのタスクをすべて書き出せたと仮定して、その膨大なタスクを壁一面にチケットとして貼り出したとしましょう。これからやらなければいけない膨大なタスクに圧倒されてしまい、何から始めたらよいのか、あるいはタスクが膨大すぎて逃げ出したくなってしまうかもしれません。

そこで、全体のタスクを見過ぎないという工夫が必要になります。

WBSによるカテゴリ分けやPMBOKによるプロセスの分類は、集中すべきタスクとまだ実行していないタスクをうまく分類しています。スクラム開発におけるプロダクトバックログは開発対象すべての課題を列記していますが、2週間で実行するスプリントでは、スプリントバックログを作成して今集中すべきタスクを明確にしています。

目の前のタスクに盲目的に集中して他を考えない、ではなく、目の前のタスクに集中するために今は考えなくてよい範囲を決めてしまうのです。

心配事を抱えながら最高のパフォーマンスを出すことはできません。しかし、将来の不確定な要素（リスク管理や未確定の要件）を見ないわけにはいきません。今やらないことを増やしていきます。

○ **タスクを集約する**

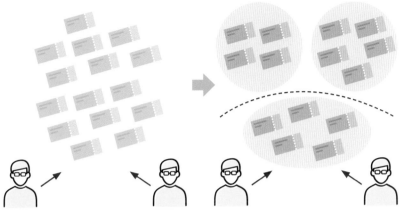

見える範囲を制限する

タスクが多すぎると見通しが悪い

集中する範囲を決める

　あるいは、仮に全体のタスクを事前に抽出できたとしても、それが未来においても必須のタスクであるとは限りません。アジャイル開発では現実の変化に立ち向かうのですから、将来状況が変化した状態では、事前のタスクは変化し得るのです。つまり、未来においてそのタスクは無くなるという可能性があります。このため、遠い未来を考えすぎることを止めておきます。

やらないでよいことを増やす

　リリース日が決まった開発プロジェクトにおいて、リリース日は明確な未来ではありますが、その行程は未知なものです。プロジェクトが潰れるという万が一の可能性を除外すれば、リリースまでに目の前のシステムを完成させることは、やらなければいけないことの筆頭に挙げられます。

　ISO9001品質システムの過剰な文書の要求は、開発者にとって嫌われるところの筆頭ではありますが、できあがったシステムの品質が限りなく悪いことも避けたいところです。際限の無い不具合と修正作業に追われ、リリース前もリリース後もデスマーチ状態になってしまうこと請け合いです。

　PMBOKの各プロセスの形式的な作業も避けたいところではあります。しかし、プロジェクトあるいはプロダクト開発を円滑に運営するためには、

PMBOKの知識はまさしく「of Knowledge」の立場から重要です。さまざまな過去のノウハウから学ぶことは重要ですが、形式上のものをすべて真似しなければいけないわけではありません。適度に抽出して活用しましょう。まさしくタイム・イズ・マネーであり、YAGNI原則（You ain't gonna need it：必要なものは以外は実装しない）を適用したいところです。

　ToDoリストは、やらないといけないことを列記するには便利ですが、やらなくてよいことが明確になりません。

◯ 「やらないことリスト」は作れるか？

プロジェクト全体

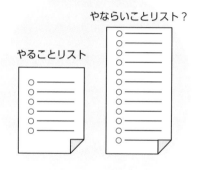

　「やらないことリスト」を作ってもよいのですが、リストが膨大になるので本末転倒です。そこで、品質システムやPMBOKのプロセスが役に立ちます。

　既存のウォーターフォール開発のプロセスを列記して、今回の開発プロジェクトで「これはやらない」あるいは「やる必要が無い」部分を消してみてください。プロジェクトメンバーの価値観や思想がまったく同じ、というわけにはいきません。同じ場で開発をしていても「ちょっと、その作業は今必要なの？」と思うことは多いでしょう。ときどき議論になってしまうかもしれません。あらかじめやらないことを決めておけば、無駄な議論を避けることが可能です。

KPTによる振り返りとプロジェクト総括

開発プロジェクトの完了時期や区切りの時点で、適宜プロジェクトの内容を見直します。振り返りのメソッドの1つに**KPT**があります。

- Keep：うまくいったので、このまま継続すること
- Problem：問題点や課題
- Try：新しく挑戦すること

○ **KPT**

PDCA（→Section 39）では、主に問題（Problem）に対処していきますが、KPTでは現状を維持するもの（Keep）があることが重要です。現在手元でやっていることを本当にKeepにするのか、それとも非Keepにするのか、という判断が入ります。逆に言えば、惰性で入れてしまった手順をやらないことリストに加える＝Keepから外すことが可能です。

もう1つ、PMBOKではプロジェクトの終わりにプロジェクト総括という工程があります。総括といっても1時間程度でメンバーの意見を出し合うものから、プロジェクト完了報告書として文書化するものもあります。

アジャイル方式であれば、前者のように短時間で十分です。スクラム開発でも、スプリント期間が終わったときに次のスプリントの前準備をします。そのときに、総括として次のスプリントで活用するものを選択するか、KPTを使いKeepするものとしないものを選択します。

行動経済学の応用

　行動経済学は、従来の経済学と心理学を組み合わせた分野であり、人が意思決定を行う際にはさまざまなバイアス（認知的な偏り）があることを明らかにしたものです。経済的な行動をするとき、需要と供給の関係のような合理的な解釈でもって行動するのではなく、さまざまなバイアスによって人々は心理的に行動を変えているという理論です。

　たとえば「生存者バイアス」を考えてみましょう。SNSや書籍には成功者の言葉が溢れています。成功した事例をもって成功者となって生き残るのですから、失敗して消え去った人の言葉は残りません。成功した企業や製品は素晴らしく真似したいところですが、実際のところ生存者バイアスなのか、それとも慎重に計画したうえで成功しているのかを客観的に判断する必要があります。生存者バイアスの視点から逃れるには、失敗の事例までも含めたバランスの取れた判断が必要なのです。

　行動経済学のバイアスは事実を客観的にゆがめてしまう影響（サンクコスト、現在バイアス、確証バイアスなど）を示していますが、このバイアスをうまく利用すると、心理的な負担を軽減したよい選択に誘導することも可能です。

　ナッジは、金銭的なインセンティブや罰則などを用いることなく人の意思決定をデザインするものです。これは政策にも利用されており、環境省に「日本版ナッジ・ユニット」（https://www.env.go.jp/earth/best.html）などがあります。ちょっとだけ後押しするのがコツです。

　アジャイル開発においても、意図したものかはわかりませんがいくつかのナッジが含まれています。

- チケットを付箋に書き、完了したら移動して積み上げる
    →結果が物理的にわかる
- デイリースクラムでは、1日で完結できるものを宣言する
    →できあがればちょっと嬉しい
- スクラムミーティングでは、メンバーが必ず喋る
    →声の調子でわかる。発言する機会を1日1回必ず得られる

このような心理的な負担の少ないナッジを利用するのも1つの方法です。

期日と
スケジューリング

ソフトウェア開発が労働集約である限り、ア
ジャイル開発も時間の問題から逃れられませ
ん。開発者の人件費とリリース日の問題です。
アジャイル開発において、変化を許容しつつリ
リース日を重要視するにはどうしたらよいで
しょうか。

時間の有効活用

> ソフトウェア開発費用の大半が人件費であることは、アジャイル方式でもウォーターフォール方式でも変わりません。しかし、一般的な工場のオートメーションとは異なり、時間単位の生産量は大きく違うものです。

時間という共通リソース

アジャイル開発であってもウォーターフォール開発であっても、**時間**というリソースが共通に存在します。ウォーターフォール開発であれば、プロジェクトの最初に締め切り（リリース日）が決められており、全体の開発スケジュールが決定します。アジャイル開発の場合には、リリース日の延期に交渉の余地が残されていることもありますが、実際の開発現場ではリリース日が動かせない場合も多いでしょう。

ソフトウェア開発において、機能を盛り込みすぎたり不確定要素が多かったりした場合には、開発スケジュールは伸びがちです。数々の不確定要素（リスク管理など）に対して、IT業界は規模見積もりと期間見積もりで正確なスケジュールを出そうと腐心してきました。アジャイル開発では、不確定要素は不確定のまま受け取り、開発プロセスの中で緩く解決することにしています。いわば、その時々において見積もりをし、歩みを進め見直しを行う、という小型のPDCAを含めた開発プロセスに至っています。

期間見積もりに対しては、とくに決まったプロセスはありません。スクラム開発のスプリントであれば2週間のスプリント期間で実装可能なタスクを決め、次のスプリントでも同じように再び実装可能なタスクを選びます。チケット駆動やXPにおいては、日々の各チケット（タスク）を各自が進めることによって、進捗具合を調節します。

チケットを抽出したときに、FP法などの見積もり手法を応用することも可能ではありますが、厳密なものではありません。期間見積もりに関しては、むしろ多くの開発者（マネージャーやリーダーも含む）の「勘」に頼っているのが

現状でしょう。

　1年や2年といった長期的な期間見積もり方法をアジャイル開発のプロセス
は持ってはいませんが、その代わり、日々開発する中で締め切りに間に合うよ
うに（あるいは間に合わないことがわかるように）当初の計画に対しての変化
を取り入れることが可能となっています。

○ 変化を許容すれば締め切りも変化する

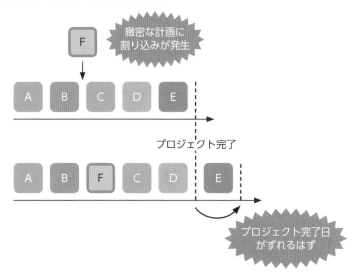

締め切りが厳密な場合

　全体スケジュールが1年間という、比較的長期的な開発プロジェクトを考え
てみましょう。

　計画駆動であれば、全体のスケジュールで要件定義プロセス、設計プロセス、
実装プロセスのように各プロセスに時間を区切り、プロセスごとに締め切りを
決めます。これが**マイルストーン**（→Section 32）になります。マイルストー
ンは一里塚とも呼ばれ、全体の工程の中で動かせない中間的な締め切りになり
ます。長期契約の中では、中間検収と呼ばれるものがそれにあたります。

　全体スケジュールのリリース日や中間検収が厳密に決められている場合に

は、基本的にアジャイル開発の手法は向きません。なぜならば、時間経過による変化に対応することがアジャイルの本質であるのに対して、全体の計画（スケジュール）が決まっており、それが固定されてしまうと開発自体の柔軟性が失われてしまうからです。

　数々のマイルストーンをきっちりと守りたいのであれば、計画駆動の開発プロセスを選んだほうが正確さが増します。

○ **変化を許容する締め切り厳守のプロジェクト**

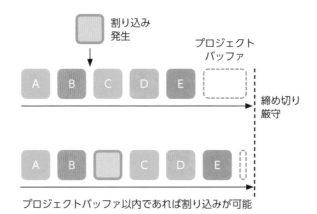

○ **プロジェクトバッファが不十分だと割り込みに対応できない**

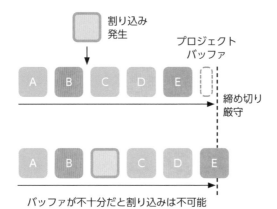

そうは言っても、開発者がアジャイル開発を望んだ場合や、顧客から提示される要件あるいは設計に曖昧な部分が多い場合には、計画駆動の手法が利用できません。計画駆動の場合、少なくとも要件定義をきっちりと決める必要があります。そのため、こうしたケースでは緩く決められた要件の内容からうまく開発スケジュールを想定し、最終的なリリース日に軟着陸させなければいけません。

「見通しがつかないものに対して見通しをつけなければいけない」と無理難題のようですが、アジャイル開発においてプロジェクトをドライビングするテクニック、つまり少し進んで方向を見極めながら進む方向を修正するというプロジェクトマネジメント本来の手管を利用します。

マネジメント自体は、各タスク（WBSやチケットなど）の進み具合にはノータッチです。タスクの遅れ具合や計画とのずれを、タスクの配置を組み替えることによってプロジェクト全体の進捗具合を調節していきます。部下の管理ではなく、ドラッカーの言ういわゆる「やり繰りする」という意味でのマネジメント作業です。

- プロジェクト全体の見通しを立てる（プロセス分け、中間生成物分けなど）
- 大まかなWBS／タスク／チケット数を想定する
- プロジェクトバッファ（→Section 33）を決める
- バーンダウンチャート、EVMの手法を用いて観察する
- 締め切りを過ぎそうであればプロジェクトバッファを使う

開発プロジェクト全体のタスク数や内容を厳密に決める必要はありません。あくまで概算を決めるだけなので、内容すら決める必要はありません。仮に一人の開発者の消化できるチケットを3枚／日と考えておき、単純にプロジェクトの日数（休日を除く）とメンバーの数を掛けます。プロジェクトを何回かこなしたマネージャーであれば基本的なスケジュールを立てて、単純に期間で割り振ってもよいでしょう（→Section 19）。

計画は、あくまでざっくりと立てた後、実際に開発プロジェクトを実行したときに計画とのずれを見るのが目的です。当然ずれが生じるのですから、後はアジャイル開発の各手法によってプロジェクトを進めます。

遅延するかどうかの予測はEVM（→Section 19）にて検出できるので、このときにメンバーを増やすか、機能を減らすか等を考えます。プロジェクトの終盤で大きなずれを確認して慌ててしまうのではなく、プロジェクトの途中でずれが発生していること（最終的に遅延となるアラート）を発見することがこの方法の目的です。

締め切りが動かせる場合

開発プロジェクトの締め切りを動かせる場合は、簡単です。開発する機能が増えてしまったり、不具合の解決に時間がかかったりしそうであれば、締め切りを後ろにどんどんずらしてしまえばよいのです。開発プロジェクトでは、製品ができあがったときに完了となるため、理論的には開発プロジェクトは遅れることはありません。

しかし、それでよいのでしょうか？

完成が際限なく遅れるということは、開発プロジェクトに際限なくお金が投資されることになります。顧客にとってはいつまで経っても製品はリリースされないし、最終的な利用者は製品を利用できません。開発メンバーにとっても、同じプロジェクトに永遠に縛り付けられるのは不本意でしょう。

まさしく、ここで「タイムイズマネー」の原則が働きます。

○ **締め切りを動かしたときの弊害**

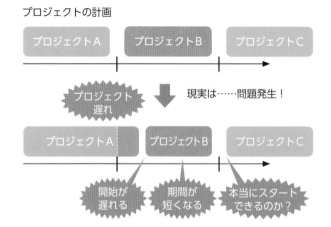

締め切りが動かせる場合でも、締め切りに間に合うようにスケジューリングする必要があります。

- プロジェクトの完了が遅れ、メンバーがプロジェクトに縛られる
- プロジェクトの完了が遅れ、メンバーが次の仕事に就けない
- 開発プロジェクトの遅れのため、完了後の入金が遅れる
- 製品のリリース日が遅れるため利益回収のタイミングが遅れる

プロジェクトのメンバーにとって、スケジュール遅れが何らかの不利になるマイナスのインセンティブが必要です。

従来より、アジャイル開発において締め切りを守ったときの報奨金をどう規定するかという問題があります。プロジェクトが長引いた場合（故意かどうかは別として）、長引いた分だけの金額がもらえるのであれば、プロジェクトを定刻通りに終わらせる力が働かないのです。時給計算の場合には、むしろ早く終わるほうが開発プロジェクトとして損をしてしまいます。

上記の理由から、一般的に開発プロジェクトが予定より早く終わることはほとんどありません。インセンティブが働かないからです。現状では、スクラムなどで早く終わったときの報酬は社内評価制度（ボーナスなど）で埋め合わせることになりますが、開発チームとしてはインセンティブが働きづらいところです。この点を注意しながら、締め切りよりも遅れが出たときにどのような状態になるのかを示したうえで、プロジェクトの完了日を守る方向にしたいものです。

一案としてはDevOpsで提唱されているバリューストリームマップで締め切りに関する価値（バリュー）を定義しておきます。早期リリースにより価値を得られるタイミングが早まるため、リリースバッチを小さくする、仕掛りの量を減らすなどの工夫があります。

タイムボックスの活用

タイムボックスというと時間単位の作業ボックスを考えますが、ここでは1日と1週間という単位で、ソフトウェア開発におけるタイムボックスを考えます。睡眠と休暇がキーポイントになります。

スプリントというタイムボックス

　何かの仕事をこなすときに、**タイムボックス**という手法があります。一定の時間を決めて1つの仕事を集中的に行うことで、仕事の効率を上げる手法です。漫然とマイペースで仕事や勉強を行うよりも、時間を区切って精神を集中させたほうが仕事の進みや勉強の覚えも早いだろう、という趣旨です。

　スクラム開発におけるスプリントは、まさにこのタイムボックスにあたります。2週間という区切りのタイムボックスで、チームメンバーが一丸となって成果を上げるように努めます。成果を達成するためには残業も厭いません、とされています。

　スクラム開発のスプリントは、まさしく短距離走です。陸上競技での短距離走は、100mを連続して走ることは不可能です。全速力で100mを駆け抜けた後は十分な休憩を取らねばなりません。スクラム開発でも同じように、2週間のスプリントは短距離走です。目の前に仕事に集中して目的を達成するスプリント競技のようなものです。

　なお、現在のスクラム開発では最初に定義されたスプリントよりも緩く「達成基準を明確にして、期限内に成果を上げる」という意味合いが強くなっています。

1日というタイムボックス

　もっと人間の生理現象に基づいてタイムボックスを考えてみましょう。

　プログラマーも人間ですから、朝起きて夜眠る生活（夜型の人は夜に起きて

朝眠るかもしれませんが）が生活のリズムを整えるのによいでしょう。不規則な時間で無闇に活動をするよりも、ある程度の生活リズムを決めておいたほうが、仕事の効率はよくなります。

そうした仕事のスタイルで、1日8時間の勤務を基準に考えます。たまに残業をしたり、ひょっとしたら早めに帰ったりすることもできますが、ここでは平均的に1日8時間仕事をすると考えてみましょう。

このとき、1日という区切り、あるいは8時間という区切りができます。

○ 1日というタイムボックスの例

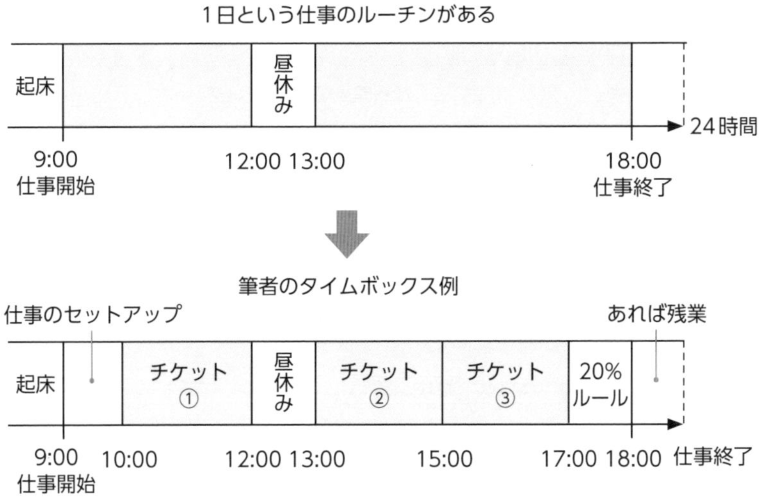

1日という仕事のルーチンがある

筆者のタイムボックス例

工場のオートメーションでは、機械の設定を変えることをセットアップと言います。セットアップは、ある設定から別の設定に切り替える工程のことです。複数の部品を作れる機械に対して、設定を変えるためにはそれなりの時間がかかります。

人は機械とは違いますが、とある仕事から別の仕事に切り替えるときには機械と同じようにセットアップの時間が必要です。集中してプログラミングをしているときに誰かに話しかけられてしまうと、集中が途切れることがあるでしょう。再び集中してプログラミングをするまでには一定の時間がかかります。

朝会社に来て仕事を始め夕方に仕事を終えるまでの間、在宅勤務であるなら

ば午前中の仕事始めと夕方の仕事終わりの間を、1つのタイムボックスと考え
ます。適宜休憩を取りますが、集中できる時間（15分、あるいは小中学校の
50分授業、あるいは大学の90分講義）を決めておきます。

　チケット駆動であれば、1日に終わらせるチケットに集中します。このとき、
自分が集中したらどのくらいの仕事（プログラミング、ネットワークの設定、
サーバーの組み立てなど）をどのくらいの時間でできるのかを、自分で知る必
要があります。最大限に集中してタスクをこなしたときにどれくらいの時間で
できるのかを知っておくことによって、同じようなタスクがどれくらいの時間
でできるのかを事前に予想できるようになります。

　このようにしてコーディングできるスピードを計測する方法が、**パーソナル
ソフトウェアプロセス**（PSP）という手法です。課題に対して集中してコーディ
ングを行ったときに、何分間（あるいは何時間）でできるかを、ストップウォッ
チを使いながら計測しておきます。最初に何分でできるのかという予測を立て、
課題をこなし、予測値と実行値とのずれを観測します。これを何回か繰り返す
ことによって、自らがコーディングをしたときの時間の見通しを知ることがで
きるようになります。

　あらかじめ自分がどの程度の時間でプログラミングができるのかを知ってお
くことで、1日8時間でできるチケット量、タスク量の予測がやりやすくなり
ます。また、集中できる時間帯をあらかじめ決めておくことで、個人的なモチ
ベーション（気分の問題）に左右されにくくなります。

　1日で予定のチケットが終わらなかったときに、ちょっとだけ残業して1日
のタイムボックスの中に収めるのか、諦めて明日以降にチケットを持ち越すの
か、あるいは1週間というタイムボックスを活用するかの分岐点になります。

1週間というタイムボックス

　人間は1日24時間働き続けることはできないので、睡眠が必要です。そう
いう意味で、1日8時間勤務、朝に仕事を開始して夕方に仕事を終える勤務ス
タイルは、人間の生理現象に合ったものと言えるでしょう。

　しかし、1週間というタイムボックスはもう少し意味合いが違います。

　週休2日制の場合、月曜日に仕事を始めて金曜日までの5日間が仕事をする

期間となります。ちょうど1日の朝にあたるのが月曜日で、夕方が金曜日にあたります。

　1日8時間というタイムボックスは、1日16時間のように極端に増減させることはできませんが、1週間というタイムボックスでは、残業や休日出勤といった方法で勤務時間の調節ができます。

　アジャイル開発の解説において残業時間を扱うものは少ないのですが（もともとのアジャイル開発のスクラムでは、「残業をしてでも」という言葉が入っています）、現実問題として、プロジェクトの遅延が明確になったときは残業や休日出勤の手段を外すことはできません。

　建前上、アジャイル開発はウォーターフォール開発よりも契約を自由に変更し、プロジェクトの状態によって（とくに外部的な要因での遅延）リリース日を変更することを厭いません。しかし、たいていの開発プロジェクトが請負や納品日が決まっている以上、多少の揺れであるならば、マネジメント層としては勤務時間の超過、いわゆる残業で調節をしておきたいところです。

◯ 1週間というタイムボックス

1週間という仕事のルーチンがある

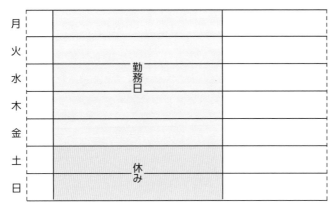

　このとき、アジャイル開発のプロジェクトメンバーにはどの程度の勤務時間超過、いわゆる残業や休日出勤を許せるでしょうか。試算してみましょう。

　1日の勤務時間を8時間として、週休2日制なので1週間のうち5日間が勤務

日になります。1週間40時間勤務ということになり、これが期間見積もりをするときの基本的な時間になります。たとえば、1つのチケットに対して3時間を割り当てるとして、1週に13チケット消化する、という考え方です。ただし1日で区切ったほうがよいので、1日8時間で3チケットの消化、週で12チケットとしたほうが後々の計算がしやすいです。

週40時間 ＝ 1日8時間 × 5日

仕事が詰まってきたとき、1日だけ夜中まで仕事をするというピンポイントな方法もありますが、スクラム開発やチケット駆動の場合は、仕事の割合を1週間で均してしまったほうが仕事の効率がよくなります。他業種とは異なり、マイルストーンや締め切りを調節しやすい立場にいるので、できるだけ日々疲れすぎないようにするのがコツです。
たとえば、1週間だけ日に2時間残業をすると考えてみると、週50時間の勤務が可能になります。

週50時間 ＝ 1日10時間 × 5日

さらに仕事が詰まってきてしまった場合に、週休2日のところを1日だけ、土曜日に出勤するようにしてみましょう。土日の両方とも出勤することも物理的には可能ですが、次の週も同じペースで仕事ができるかと言うとそうはいきません。あくまで、きつい状態ではあるが健康を害さないスタイルを考えていきます。

週60時間 ＝ 1日10時間 × 6日

さて、少しきつめの勤務ではありますが、基本の週40時間から週60時間まで勤務時間を引き延ばすことが可能であることがわかりました。社員の残業代などの金銭的な面を除き（経営層としてはそちらのほうが問題かもしれませんが）、遅れている開発プロジェクトをなんとか軌道に戻そうとするときには、週40時間から週60時間までの幅が取れるということです。

比率で言えば、同じ人員で1.5倍までは勤務時間を延ばせる可能性があります。逆に言えば、1.5倍以上にタスクが膨れ上がってしまったときには、メンバーを増やすか、タスクそのものを減らすか、開発プロジェクトのエンド（最終リリース、中間リリースなどマイルストーン）を調節する必要があるということです。

○ 1週間を柔軟に扱う

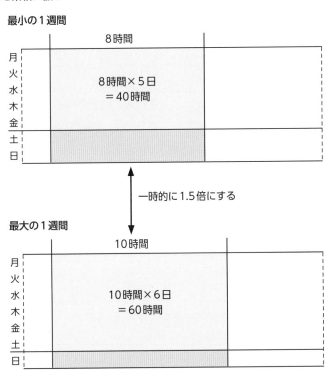

　では、この1.5倍の超過勤務の方法は、どれくらいの期間続けられるでしょうか？　これは、プロジェクトメンバーとの相談になります。経験上ですが、1ヶ月くらいが限界でしょう。超過勤務が続く場合には、増員などの外部的な助けを検討します。

Chapter 7　期日とスケジューリング

Section 32 マイルストーンの設定

長期にわたるプロジェクトにおいては、プロジェクトのところどころにマイルストーンを置きます。マイルストーンには、達成すべき目標を示した地点と、複数のタスクやプロジェクトが合流する地点の2種類があります。

マイルストーンの活用

PERT図やガントチャート（→Section 17）を作成すると、複数のタスクやプロジェクトの合流点がわかります。とくに複数の会社が集まっている大規模なプロジェクトでは、それぞれの会社が開発を行い、開発期間の要所要所で各システムをまとめて動かして試す必要が出てきます。ガントチャートではこれを**マイルストーン**として扱います。

複数タスクの合流地点は、各タスク（複数の会社であればそれぞれのプロジェクト）が遅れるとマイルストーンがずれることになります。マイルストーンには期日が決められていることが多く、ほとんどの場合、ずらせません。このため、スケジュール上で事前に決めたマイルストーンに対しては、各プロジェクト／各会社にとってのチキンレースになりがちです。各プロジェクトが遅れたときに「誰が先にギブアップするか？」の探り合いを始めてしまい、合流地点のマイルストーンを目指して進捗の巻き返しなどを行っています。

計画駆動とガントチャートを使うと、この全体のスケジュールに組み込まれたマイルストーンが、各タスク／各プロジェクトの中間的な締め切りになります。

長期契約の場合には、資金繰りの関係から全体のプロジェクトに中間検収を置くことが多いです。この中間検収に対して何らかの成果物を提出するという、最終的なリリース日とは異なる中間的なマイルストーンが存在します。

以前は、長期的なウォーターフォール開発において、設計工程、コーディング工程、結合テスト工程といった各プロセスの終わりにマイルストーンを置いていました。たとえば、設計工程からコーディング工程に移るときに設計書のレビューを実施し、この設計書でコーディングをしても大丈夫か、品質は保た

れるだろうかという点をチェックします。チェックポイントでもあり、これがマイルストーンになっています。

○ **2種類のマイルストーン**

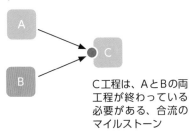

C工程は、AとBの両
工程が終わっている
必要がある、合流の
マイルストーン

各工程の遅れを確認するための
マイルストーン

　アジャイル開発であっても、マイルストーンの活用は可能です。
　スクラム開発では、2週間というスプリントの終わりはちょうどマイルストーンにあたります。2週間目の金曜日を目指してスプリントバックログを消化していきます。2週間のスプリントでスプリントバックログのタスクをすべて実装できるか否かのチェックポイントとしてマイルストーンが働きます。

マイルストーンの弊害

　多くの場合、マイルストーンは日付に結び付けられ、「何月何日に何を実装すればよい」という形で目標が立てられます。あるいは、「何月何日に何の機能が実装されていなければならない」「どのテストが終了していなければいけない」という形でスケジューリングされます。
　長期的な作業をするときには、何らかの中間的な目標は必要です。たとえば政府の5カ年計画のように長期にわたる場合、5年経った後に達成しているかどうかを確認するだけではなく、途中の1年ごと、あるいは半年ごとなど、定期的に進捗具合を確認します。

業界ごとにプロジェクトの長さはさまざまなです。日単位や月単位で明確に決められる経理事務のプロジェクトもありますし、薬の研究や油田の開発などのように数年単位のプロジェクトもあります。IT系の開発プロジェクトでは、数ヶ月や1年のものが多いでしょう。建築業界と似たところがあり、複数の人や会社が1つのプロジェクトに関わり結果を出していくものが多いです。

アジャイル開発の場合には、少人数で行うプロジェクトが多いため長期間になることは少ないのですが、Webシステムを開発だけでなく保守を含めて（DevOps）扱う場合や、1つの大きなシステムを小さなスクラムチームに分けて開発する場合などは、長期的なスケジューリングと進捗管理が必要となります。

○ マイルストーンに束縛される現象

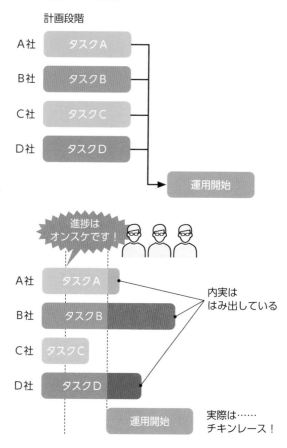

先に書いた通り、マイルストーンは各プロセスや各プロジェクトの合流地点となるもので、目標地点としてよい目印になることもあります。しかし、プロジェクトに遅れが発生するとチキンレースになってしまうことが多いものです。

　進捗管理上、マイルストーンを柔軟に移動させることは難しく、とくに日付の決まっているマイルストーンは関わっている人や会社だけの一存では動かせないものです。マイルストーンを動かすという作業は、メンバーや開発会社の合意という重い手順を必要とします。そのため、心理的にマイルストーンを動かすのではなく、なんとかしてマイルストーンに間に合わせようという頑張りが発生します。これが常識的な範囲であればよいのですが、目的と手段が逆転してしまい、無理矢理にマイルトーンに合わせようとするとチキンレースが始まります。

　たとえば、無理を押し通そうとして進捗率などを不正する会社やチームが出てきます。開発プロジェクトの場合、進捗率だけを調節すれば、できあがっていないものをあたかもできあがったかのように見せることも可能です。そして、開発プロジェクトの完了直前になって実装がまったく終わっていない事実が発覚し、プロジェクトは破綻。大きな損害を出すことになります。

　マイルストーンが単純に進捗確認という意味でしかないのであるならば、弊害が大きいため、次に解説する「一里塚方式」をとるのが無難です。

「一里塚方式」の利用

　一里塚の英語表記が「マイルストーン」なので、本来はどちらも同じ意味ではあるのですが、本書では「動かせるマイルストーン」「途中経過の目安としてのマイルストーン」という意味で**一里塚**という用語を使います。

　東海道などの街道には、街道脇に目印としての一里塚があります。マラソンのように長い距離を走る場合にも途中に「何キロ地点」といった目標がありますし、富士山を登るときも「何合目」という目印があります。

　長距離を踏破しようとするとそれなりの時間がかかります。ITのプロジェクトは、1日や1週間で終わるものはほとんどありません。数ヶ月あるいは1年以上かかる長期的なものが多いでしょう。短距離であれば一気に駆け抜けるこ

とも可能ですが、長距離の場合はペース配分が必要です。街道やマラソンの道のりは決して平坦ではありません。途中に山があれば進みは遅くなりますし、谷があればスピードは出ますが、オーバーペースになれば足に負担がかかりすぎます。何らかのペース配分が必要であり、その目印として一里塚のような途中の目印が必要なのです。

　実は、定例会議／週報などの定期的な報告会や進捗会議はその目安になります。それぞれの進み具合を確認し、問題に対して対処するのです。

　スケジュール通りであれば混乱はないのですが、複数の会社や複数のチームが絡んでくると、なぜか進捗報告が「問題ありません」という混乱が少ないほうに傾きがちになります。ソフトウェア開発プロジェクトは不確定な要素も多く、複雑怪奇であるがゆえに混乱を避けられない運命にありますが、混乱のさなかに混乱していないことを装い始めるのです。

　本書では「なぜ進捗会議などで嘘をつくのか？」という点は問題にしません。アジャイル開発らしく、変化に対応するという手法を用います。

○ 中間目標としての一里塚

スクラム開発のスプリントでは、2週間の区切りで目標を達成することにパワーを使います。ですが、スプリントの目標が達成できないとわかったとき（それが内部的な要因であれ外部的な要因であれ）、スクラムマスターはスプリントバックログの調節を決断します。遅れが出る場合は、プロダクトオーナーとの調節が必要になります。

　進捗の遅れが発覚したときに、プロジェクトのマイルストーンに合わせて無理に調節するのか、それとも現状に合わせてマイルストーン自体を調節するのか、という分岐が発生します。ときには、少し無理（残業や増員）をしてでもマイルストーンに間に合わせる必要もあるでしょう。しかし、こうした無理を

重ねれば、マイルストーンに合わせて進捗率や中間生成物などを偽造しかねません。これはプロジェクト成功のためには本末転倒です。

アジャイル開発においては、マイルストーンを「期日を指定するもの」として据えるのではなく、「全体でどれくらいまでできあがっているのか」という一里塚的な目安に留めておくほうがよいと考えられます。中間的な目標に対して無理矢理まい進するのではなく、単なる通過点としての一里塚の利用です。

○ リソースの追加かスケジュール調整か

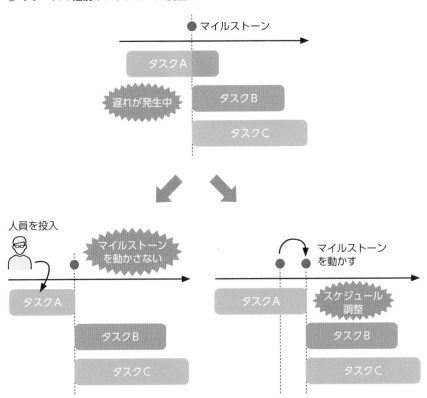

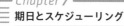
Section 33 マイルストーンの移動・削除

プロジェクト内に配置された動かせないマイルストーンには弊害もあります。アジャイル開発において、要求の変化のために締め切りがずれるとき、この固定されたマイルストーンにどのように対処すればよいでしょうか。

マイルストーンが抱える問題

マイルストーンの問題を、**プロジェクトバッファ**を使って解説します。

プロジェクトバッファは、CCPM（クリティカルチェーンプロジェクトマネジメント）で使われる、タスクの遅れを回復する仕組みです。CCPMは、主に建築業界のような多様な作業者が集まってタスク単位で作業を行うスケジューリングに適しています。

たとえばビルの工事では、基礎工事、床面施工、内装、電気工事といった複数のタスクが寄り集まっています。これらのタスクは順番に実施するだけではなく並行作業をすることも多々あり、かつ、それぞれの作業の合流点も数多くあります。作業期間はおおむね事前に見積もりが可能ですが、雨天などの外部的な事情によって後ろにずれることがあります。そうなると、後続のタスクも遅れ計画がずれます。

○ **PERT図によるタスクの流れ**

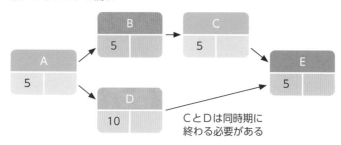

　たとえば、床の配線（タスクA）、壁紙貼り（タスクB）の後に天井の照明を付けるタスク（タスクC）があるとします。タスクAとタスクBは同時に行えますが、タスクCは2つのタスクが終わらなければ作業できません。この場合、タスクAかタスクBのいずれかが早く終わったとしても、タスクCには取りかかれません。

　さらに建築業界ではもう少し特殊な事情もあります。タスクを担当する会社がそれぞれ異なり、かつ、各会社はこの現場だけではなく別の現場にも行かなければならないケースです。天井の照明（タスクC）の内装会社が今回のタスクとは別の現場にも出る必要がある場合は、さらに別のスケジューリングがされています。関連する会社ごとにタスクが入り組んでいる状態と考えるとよいでしょう。

　この場合、タスクCの前にある2つのタスクが早く終わったからといってタスクCを早めることはできません。内装会社には他の現場のタスクがあるからです。逆に前のタスクに遅れが発生した場合は、タスクCのスケジュールも遅れます。もし、タスクCの後に別の現場での仕事がスケジューリングされていた場合、タスクCに手を付けられなくなります。

　このように建築業界の場合、各タスクのスケジューリングはかなり厳しいものがあります。

○ 作業遅れに対処するためのバッファ

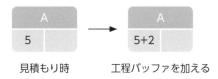

　タスク遅れが許されないので、夜間に実施することもできますが、実際には各タスクの後ろに保険のための余分な時間を用意しておきます。これがバッファです。とくにタスクの合流地点のような厳しい時間制限があるときは、バッファをきちんと確保します。

合流地点のマイルストーン

　合流地点のような動かせないマイルストーンの前には、必ずバッファが存在することになります。これは次のタスクを遅らせられないためです。

　マイルストーンの前工程の遅れを吸収するための重要なバッファではありますが、必ず消費されるものではありません。計画通りにタスクが終わることもあれば、もっと早めにタスクが終わることもあるでしょう。こうしたケースでは、バッファ期間は無駄になってしまいます。重要なバッファではありますが、うまくいったときには必要ないものなのです。

○ **各タスクにバッファを用意する**

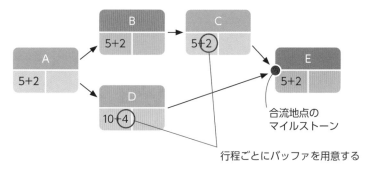

合流地点の
マイルストーン

行程ごとにバッファを用意する

タスクごとのバッファをまとめる

　各タスクが順序よくシーケンシャルに繋がっているとき、かつ、前のタスクが早めに終わったときに次のタスクに手を付けられるならば前倒しで作業を行えます。この場合、各タスクに用意されたバッファをひとまとめにすることが可能です。複数のタスクにくっついているバッファをプロジェクトでひとまとめにして扱います。これをプロジェクトバッファと言います。

● バッファをひとまとめにする

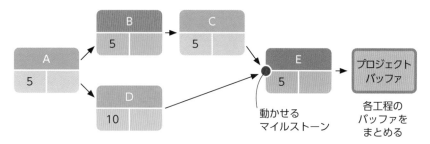

タスクの始まりを前倒しにできるということは、マイルストーンを動かせるということです。動かせないマイルストーンの場合は、各タスクにバッファがくっついてしまい最終的に無駄になることが多いのですが、マイルストーンを動かせると仮定するとバッファをひとまとめにできるので、プロジェクト全体の期間を調節可能になります。

各タスクは、早めに終わることもあれば遅れることもあります。タスクごとのバッファは確率的に消費されることもあり、消費されないこともあります。このため、タスク単位のバッファを1つにまとめると、計画段階の各タスクのバッファよりも実際に消費されたバッファ＝実績のほうが少なくなります。

各タスクのバッファの合計 ＞ 実際に消費されたバッファ

ソフトウェア開発、とくにアジャイル開発においては、このように各タスクのバッファをまとめてプロジェクトバッファとします。ウォーターフォール開発でのプロセス分けや建築業界のように複数の会社で共同作業をするときは、動かせないマイルストーン＝中間生成物を基点にしてプロジェクト分けすることになります。

ソフトウェア開発におけるバッファを計算する

ソフトウェア開発におけるプロジェクトバッファは、どの程度用意すればよいでしょうか？　ソフトウェア開発は未知な部分が多く正確な期間見積もりをしにくいところあります。アジャイル開発であっても、1つのタスクに注目し

たとき、そのタスクが本来どのくらいの期間でできあがるのかという見積もりを正確に出すことはできません。いえ、むしろ、期間の見積もりができないからこそスクラム開発のスプリントバックログやチケット駆動のチケットリストを利用して、単一のタスクの正確な見積もりを求めるのをやめて、いくつかのタスクのまとまりで期間見積もりを行い、かつタスクを実行しながら調節をするというアジャイル方式に落ち着いています。

　しかし、このままではアジャイル開発において期間見積もりの計算が不可能ということになり、いつ開発が終わるのか不明になってしまいます。開発者の経験と勘を頼りにするしかないのでしょうか？

　タスクを実行するときの実行時間をシミュレーションしてみましょう。とある機能を開発するためのタスクAを実行します。仮想的にタスクAが何度も実行できると仮定すると、タスクAの実行時間aが、ある幅を持って散らばります。時間aよりも早く終わることもあれば、遅くなることもあるでしょう。仮に時間aを中心にして前後に正規分布で散らばっているものとします。分布を正確に調査してもよいのですが、ここでは正規分布と仮定しましょう。

○ 正規分布

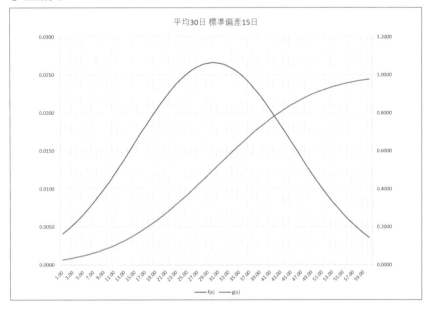

正規分布の広がりは、分散σとして表せます。統計的には確定区間を2σ（98%確定区間）とすることが多いのですが、現象を簡単に見るために1σとしておきます。1σにすると平均値から35%ずつを含め、真ん中を含んで70%の確率が確定区間になります。つまり、タスクAが時間aの前後7割で終わる確率が求められます。

　1σをどのくらいの時間にするのかは議論の余地がありますが、この正規分布はタスクAが最大見積もりの2倍、つまり2aまで伸びるものと考えます。実際のところは、タスクAは無限に伸びる可能性を秘めているのですが、ここでは2倍程度としておきましょう。そうすると、1σの区間が0.5aから1.5aの区間であることがわかります。この0.5aから1.5aの間に70%の確率でタスクAが終了することが計算上わかるのです。

　プロジェクトにはタスクAと同じ難易度のタスクが100個程度あると仮定しましょう。そうすると、タスクAの実行時の確率は、そのまま100個程度の実行時間の散らばりとして考えられます。

　概算をすると、次の式のように10個のタスクの進捗状態は前後に散らばっていると考えられます。

$$0.25 \times 1 + 0.75 \times 4 + 1.25 \times 4 + 1.75 \times 1 = 10$$

　ところが、ソフトウェア開発に関しては少し特殊な事情があります。タスクを終わらせたとしても、予定時間いっぱいまで時間を使い切る傾向にあるのです。これは建築業界のタスクの待ち状態とは違いますが、単体テストを念入りに行ったり、コードを見直したりすることにより品質を上げています。これにより、前倒しの部分「0.25×1 ＋ 0.75×4」がなくなり、「1.0×5」に変わります。つまり、常にスケジュール通りになります。

$$1.0 \times 5 + 1.25 \times 4 + 1.75 \times 1 = 11.75$$

　前倒しになっていた項目をもともとの予定時間の1aに直すと、平均値が後ろにずれます。

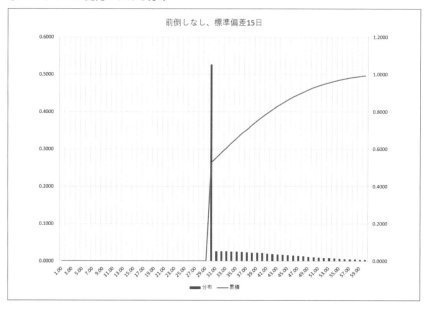

また、中央値に対して70%の信頼区間を計算しましたが、時間が早いほうの15%は見積もり時間に間に合っているので問題ありません。遅延が発生するのは時間が長いほうの15%だけです。

そのため、タスクが正規分布で散らばるとすると、8割程度の確率で1.5aの部分に収まると考えられます。つまり8割程度のプロジェクトの見込みであれば、1.5a程度のプロジェクト期間、あるいは0.5倍のプロジェクトバッファをとっておけばよいということになります。かつ、前倒しになったタスクの余裕の時間を使って他のタスクをこなせば、さらにプロジェクトバッファを少なくすることも可能です。

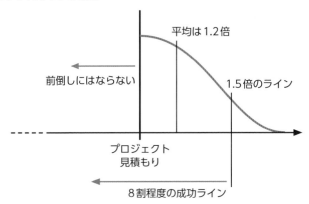

○ プロジェクトバッファの概算

平均は1.2倍

前倒しにはならない

1.5倍のライン

プロジェクト
見積もり

8割程度の成功ライン

　ここではプロジェクトバッファの概算を正規分布と仮定しましたが、これを正確に求めることも可能です。しかし、オートメーション化された工場とは異なり、ソフトウェア開発では人が仕事を行うために、必ずしも同じペースでプログラミングができるとは限りません。他にも会議やトイレなどの時間も含めると、実際のコーディングの正確な時間は計算できません。

　このため、あまり正確に計算をしても意味がありません。概算としてのプロジェクトバッファと概算としてのタスクの予測時間を算出するときの目安とします。

　プロジェクトマネジメントのノウハウとして、開発者から示された見積もり工数の2倍あるいは1.5倍の工数をスケジュールに積むというものがあります。「保険」あるいは「バッファ」と呼ばれるものです。

　開発の期間見積もりは個人の技量などもありますが、楽観的な視点や悲観的な視点などさまざまです。マネージャーとしては、楽観的な見積もりをされてしまい実際には開発期間を大幅に超過してしまっては困りますし、逆に悲観的な見積もりを出されて予算を大きく超過しても困ります。

　傾向として、タスク単位の締め切りを厳しくする場合、バッファを多くとる傾向があります。心理的に「遅れはいけない」というプレッシャーが開発者自身にかかるためです。

　実際にタスクは単一ではないので、遅れるタスクもあれば早く終わるタスクもあります。個別のタスクのバッファをひとまとめにしてプロジェクト全体のバッファとして扱う効果がここにあります。

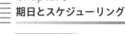

Section

34 学生症候群の活用

スケジュールの後ろに余裕があると気が緩んでしまい、たとえば8月末まで夏休み
の宿題に取りかからないのが学生症候群です。ここでは、あえて締め切りぎりぎり
まで遅らせてタスクを素早くこなす学習症候群の活用の解説をします。

学生症候群とは

学生症候群という言葉があります。夏休みの宿題をやらなければいけないの
に、なぜか夏休みの最後まで引っ張ってしまい8月末に慌てて仕上げるという
ものです。「症候群」という言葉を使っていますがとくに病気というわけではな
く、傾向、くらいの意味合いです。

さて、ここで夏休みの宿題を、「毎日コツコツやっても」「夏休みの最後にやっ
ても」終わると仮定します。同じ時間がかかるのであれば、毎日コツコツやら
なくても、最後に一気にやれば集中力が高まって早く終わるのではないか、と
いうのが学生症候群の活用という発想です。

実は、この発想は筆者のものではなく、『ザ・ゴール』[注7.1]『クリティカルチェー
ン』[注7.2]の著者であるエリヤフ・ゴールドラットの発案です。締め切りをわざと
間近に置いて集中力を高める、つまりは余計なことを考えず、余計なことをや
らずにやれること最速でやるという方法です。実は、トヨタ生産方式のJIT（ジャ
ストインタイム）もかなりこれに近い発想によるものです。JITの場合は、あ
らかじめ部品の発注量を決めておくのではなく、必要なときに必要なだけ部品
を発注するという仕組みです。供給会社は、発注を受けたら最速で部品を発注
元へと届けます。在庫を少なくするサプライチェーンを作る方法の1つでもあ
ります。

ただし、最初に断っておきますが、学生症候群の活用は非常に疲れます。常

注7.1 『ザ・ゴール — 企業の究極の目的とは何か』／エリヤフ・ゴールドラット［著］／三本木亮［訳］／
ダイヤモンド社（2001年）
注7.2 『クリティカルチェーン — なぜ、プロジェクトは予定どおりに進まないのか？』／エリヤフ・ゴー
ルドラット［著］／三本木亮［訳］／ダイヤモンド社（2003年）

に締め切りに追われながら作業をしなければいけないので集中力を必要とし、あそびの部分がありません。精神的に疲弊するのであまり頻繁には使えません。

　マイルストーンの弊害の箇所でプロジェクトバッファ（→Section 33）の話をしました。計画を実行に移したとき、不確実性に備えるために各タスクにバッファを作ります。タスクの実行は確率的に予定時間より早くなったり遅くなったりするため、タスク固有のバッファは必ず消化されるものではありません。マイルストーンを取り除き、各タスクのバッファを1つにまとめてプロジェクトバッファとして扱うほうがプロジェクト運営の効率がよくなります。

○ JITとプロジェクトバッファ違い

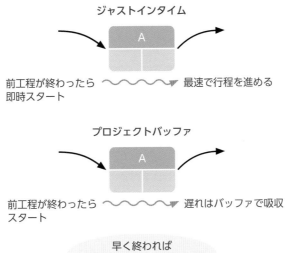

ジャストインタイム

A

前工程が終わったら　　　　　　　　　最速で行程を進める
即時スタート

プロジェクトバッファ

A

前工程が終わったら　　　　　　　　　遅れはバッファで吸収
スタート

早く終われば
プロジェクトバッファに加算

　ただし心理的な問題として、タスク固有のバッファやプロジェクトバッファがあるということを知っていると、作業者には「遅れても構わないのではないか」という気持ちが働きます。

　実は建築業界では、各作業者に全体の工程表を見せることはあまりありません（現在は違うかもしれませんが、少なくとも15年ほど前はそうでした）。これは、作業者がタスクのバッファを食いつぶすように動きかねないためです。結果的にすべてのタスクがバッファ分だけ長くなってしまうと、確率的な遅延

ではなく、常にプロジェクト期間が最長になってしまいバッファ自体の意味がなくなってしまいます。さらに言えば、バッファ自体が意味をなさないのでプロジェクト遅延のリスクが高まってしまいます。

　マネージャーが作業者に全体構成を見せないのはこうした理由からですが、アジャイル開発においては、個々のメンバーの能力である機微機転が削がれるため全体工程を見せないという手段はとれません。むしろ、全体工程をメンバー全員が知ったうえでチームとして創意工夫を行うことが求められます。これが協調です。

　メンバーの開発能力を最速に揃えるのがスクラム開発のスプリントと言えます。このスプリント期間（主に2週間）は、スプリントバックログのすべてを滞りなく駆け抜けることが求められます。すなわち、ちょうど学生症候群の活用と似ているのです。

締め切りを決めることの意義

　締め切りを意図的に決めること、さらに余裕を持った締め切りの位置ではなく、挑戦的な位置に決めることが学生症候群の活用方法になります。活用時にはいくつかの注意点があります。

- 活用期間が短期間であること
- 手順などを綿密に計画立てること
- 作業の見積もりをあらかじめ出しておくこと
- 時間を区切り、時間いっぱい作業をすること

　締め切り前の学生症候群の活用は、つまりは火事場の馬鹿力と同じで長続きはしません。1週間あるいは数日程度が限界でしょう。

　活用している間の手順や計画はあらかじめ作成しておきます。タイムスケジュールを作って作業タスク単位で見積もり時間を出すとよいでしょう。開発についての見積もり時間は、あらかじめパーソナルソフトウェアプロセスの手法を用いて、自分自身が時間単位で開発できるコード量や関数の数などを知っておきます。このくらいのペースで開発できるという見積もりを立てます。

実際の作業は、分単位あるいは時間単位で計測します。遅れが出た場合はそのまま締め切りに間に合わないという結果に陥るので、遅れないようにするためです。仮に遅延が出た場合は、何を諦めて何を実装するのかをあらかじめ決めておきます。集中力とその場の臨機応変さが求められるものとして、プログラミングコンテストや、フィギュアスケートの競技会のようなイメージであればよいでしょう。

◯ 最速スピードの応用

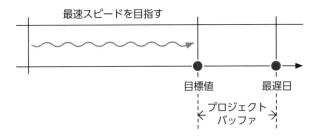

　計画を綿密に立てるという点では、実は計画駆動（ウォーターフォール開発）に似ています。いえ、短期間の計画駆動の開発手法そのものなのです。短期間かつ最速ということであれば、実は計画駆動が最速になります。JITも綿密なサプライチェーンを作るという点では計画的です。変化を取り入れない場合は、計画駆動のほうが生産性を高くします。ですが、非常に疲れるのはたしかです。
　計画通りに最速に進めることは悪いことではありません。早期リリースにより早期にバリュー（価値）が発生するならば、できるだけ早くしたほうがよいでしょう。
　しかし、必ずしも早ければよいというわけでもありません。早くできあがっても、次に続くタスクが始まらなければ最速である意味がありません。実際にはそのタスクがクリティカルチェーン上にあるのか、開発プロジェクトのリリースが早期になったときに価値が反映されるのかにかかっています。

仕掛品を減らす

「仕掛品」とは、工場の加工現場などで前のタスクの成果物を材料にして現タスクを行うときの、「材料」のことを言います。材料が手元に少ない場合は、現タスクでは製品が作れません。途中で材料が無くなってしまい、手持ちぶさたな状態となってしまいます。

しかし、材料をたくさん積み上げておけばよいかというとそうではありません。現実の工場では「在庫」という形で倉庫が必要になりますし、途中で生産工程が変わったら、目の前の大量の材料は無駄になってしまいます。

ITプロジェクトには倉庫という概念はありませんが、目の前に設計書が長期間溜まった状態は好ましくないでしょう。とくにアジャイル開発の場合、仕様変更があったときに設計書の山が無駄になってしまいます。

余談ですが、あらかじめ前工程で材料を作ることをプッシュ方式、材料が必要な時に前工程に指示を送ることをプル方式（JIT方式）と言います。

アジャイル開発では、加工現場のような流れ作業はありませんが、チケットやスクラムバックログ同士の繋がりを考えたとき、開発途中であるチケットが仕掛品にあたります。DevOpsで言えばバリューストリームと呼ばれるものです。

具体的に言えば、コードを作っている途中は大きな仕様変更はできません。仕様を変えてしまうと、コード自身が大きく変わってしまうためです（フレキシブルに自動テストを行って、コードをダイナミックに変えるならばその限りではないのですが）。

コードの品質を保ったまま、小まめに完成品を提出する方式が求められます。今で言えば、Gitなどのコミットの単位を小さめするようなものです。数週間かけて大きく修正したコミットは、簡単にはマージしにくいものです。適度に機能分割や不具合対処に分けられたコミットが望まれます。

これがちょうどバリューになり、ソフトウェア開発における仕掛品と言えます。作業用のチケットであれば、1つのチケットの作業時間が長くなり過ぎないように分割しておくことがお勧めです。

Chapter **8**

ボトルネック

このChapterからはアジャイル開発から少し離れ、他業種や他の開発プロセスなどでも使われているさまざまなノウハウのうち、アジャイル開発の手法をさらに先に進めるための手段や、アジャイル開発プロジェクトに取り入れられるものを解説します。読者の皆さんが関わるアジャイル開発に取り入れてみてください。アジャイルの仕組みがソフトウェア業界限定ではないことがわかります。

Section 35 ボトルネックの解消

ボトルネックとは、水の入った瓶をさかさまにすると、瓶の細くなっている部分の口径に水の流れが制限されることです。同じように各工程が直列に繋がったとき、全体の生産性を制限する工程があります。

制約理論とボトルネック

制約理論 (Theory of Constraints) は制約条件の理論とも呼ばれ、エリヤフ・ゴールドラットが開発したマネジメント理論です[注8.1]。

制約理論から派生したCCPM（クリティカルチェーンプロジェクトマネジメント）は、PMBOKにも載っているマネジメント方法の1つです。PERT図やガントチャート（→Section 17）で解説したように、クリティカルチェーンは、並行作業も含む複数の作業タスクで最短のトータル時間を求める計算方法です。

CCPMでは、プロジェクトを進めるにあたり、タスクあるいはプロセスがシーケンシャル（直列）で並んでいる部分を考えます。タスクがシーケンシャルになっていると、どこかのタスクに時間がかかっている場合やタスクの処理能力が弱いときには、最も弱い部分に全体の生産能力が抑えられてしまいます。

直感的にわかることではありますが、実際に思考実験をしてみましょう。

3つの生産工場（A工場、B工場、C工場）があって、生産工程が直列で並んでいるとします。A工場で生産したものがB工場に移り加工され、B工場で加工されたものがC工場でさらに加工されるという具合です。自動車を製造するときの部品の繋がりを考えてみてください。

ここで、3つの生産工場の能力が同じ10個／日という場合、最終的にC工場で生産される量はどのくらいでしょうか？　直感的に考えて10個／日と計算できます。1日の生産量は10個で、それぞれ次の工場（おそらく次の日など）

注8.1　セオリー（Theory）という名がついていますが、何らかの科学的な根拠があるわけではないものの、持論・慣習に近いものだと思って構いません。

に送られるので、実にスムースに10個／日の割合で生産ができます。

○ **スループットが異なる**

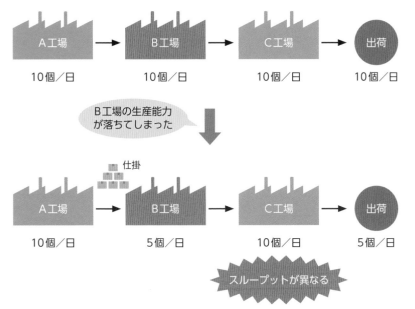

ここで、B工場の生産能力が5個／日になったときを考えます。この場合、C工場の生産能力は10個／日あるのですが、C工場に必要な部品を作るB工場の生産性が5個／日に落ちてしまっているため、C工場も5個／日までしかできません。また、A工場は10個／日ずつ作っているのですがB工場では5個／日ずつしか部品として使えないので、差し引き5個／日ずつ、倉庫に部品が溜まっていきます。

　この状態のときのB工場が**ボトルネック**です。ボトルネックは全体の流量（スループット）を制限します。他の能力が高くても、最も能力の低い部分に負担がかかり全体の生産性が決まってしまうのです。

ボトルネックを見つける

ボトルネックという言葉は一般的にもよく使われていますが、悪い意味で使われることが多いでしょう。作業分担をしているときに一人だけ作業の遅い人をボトルネックと決めつけたり、プロジェクト内でコーディングミスの多い人やコーディングの遅い人をボトルネックと言ったりすることもよく聞きます。

しかし、実際にはボトルネックとはもう少し厳密なものです。

複数のタスクがシーケンシャルで繋がっているときに、最も弱い（生産力が低い、故障リスクが高いなど）部分を示します。複数のタスクが連なっているところを探すため、タスクの繋がりをPERT図で表します。PERT図ではタスクに対してインプットとアウトプットが明確であり、タスクが完了するまでの時間が記述されます。これらのタスクに先の部品のように次々に作業が発生するパターンを考えたとき、タスク内の作業時間は逆比をとると作業量に相当します。

たとえば、「コーディング」「テスト」「不具合修正」という3つの工程で考えましょう。各工程を一人ずつで請け負います。コーディングが終わったらテスト工程に回し、テスト工程で出た不具合は不具合修正で修正します[8.2]。

多くの量をコーディングできるプログラマーがいて、できあがった多数のコードがテスターに渡るとしましょう。テスターは受け取ったプログラムを次々とテストしますが、不具合がたくさん出てきます。テスターの前にはまだテストしていないコードが溢れかえっています。

テスターが発見した不具合は、不具合チケットを書いて不具合修正の担当に回すのですが、不具合が多いためにチケットがなかなか書ききれません。後続の不具合修正の担当者は不具合チケットを次々とこなします。不具合の多いプログラムではありますが、修正担当者が優秀なのか、それなりに品質の高いソフトウェアができあがっています。

さて、この状況では誰が「ボトルネック」になるのでしょうか？　どこを改善すればプロジェクトはよくなるでしょうか？

注8.2　通常は不具合をコーディングした人が直すのですが、ここでは別の人が直すと考えてみましょう。

○ ボトルネックはどこか？

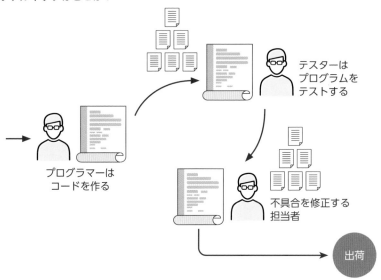

テスターは
プログラムを
テストする

プログラマーは
コードを作る

不具合を修正する
担当者

出荷

一般的な視点で見るならば、不具合をたくさん発生させているプログラマーが悪い、つまり「プログラマーがボトルネック」と考えられます。プログラマーがもう少し優秀であったなら（不具合の少ないコードを書けていれば）、不具合が減り、テスターや修正担当者も楽ができてプロジェクトはうまくいくかもしれません。プログラマーに対して再教育を実施するか、もっと品質を上げるように求めるところでしょう。

しかし、制約理論の考え方ではボトルネックはテスターとなります。ここでは、単純に作業能力と生産する流量だけに注目し、3つの工場の例のように「全体のスループットを妨げている生産能力が低いポイント」を見つけだします。

生産量だけに注目すれば、

- プログラマーは大量のコードを生み出している
- テスターがテストするコードが溢れている
- テスターは大量の不具合チケット作成に疲弊している
- 不具合修正担当は、不具合チケットから順調に不具合を解消している

となります。この場合、資金に余裕があるならば、テスト工程に人員を追加投

入してテスト工程の生産能力（テストをこなす、不具合チケットを書く）を増やしたほうが全体のスループットを上げられます。

　直感に反すると感じるかもしれませんが、これが制約理論によってボトルネックを発見し、強化する手順になります。

計測し続ける

　全体の生産プロセスの中からボトルネックを見つけるためには**計測**が必要です。定性的な材料では判断を誤りかねません。事実を受け止めるために、定量的な資料が必要となります。

　データとして実測することの重要さは、『ピープルウエア』（P.092の注4.4を参照）でトム・デマルコも書いています。「コードの品質が悪い」という定性的な判断ではなく、「一定量のコードからどれくらいの不具合が発生しているのか」を計測します。テスト工程の遅さを嘆くよりも、どのくらいの量のテストがありテスト期間はどれくらいか、1つのテストに対してどれくらいの時間がかかっているのかを計測したうえで、テスト工程の進み具合の確認や最終的な品質決定（どれだけテストを行うか）の基準にします。

○ **カイゼン後も計測を続ける**

このように、コーディング、テスト、不具合修正という3つの工程であっても、ボトルネックを見つけるためには一定の計測が必要です。かつ、ボトルネックを見つけて何らかの対処を行った後にも計測を続けることが必須です。

ボトルネックは位置を変える

　先の例では、テスト工程の能力（できあがったコードを処理する能力）が低いことがわかりました。そこで対処として、テスターを一人増員することにしました。テスターが二人になったので、プログラマーが多くのコードを書いても十分にテストができます。コードの品質が多少悪く不具合が多かったとしても、不具合チケットをどんどん書ける状態になりました。

　さて、これでプログラミング工程とテスト工程の問題は解決しました。では、プロジェクトが生産する製品はうまくできあがるのでしょうか？

- プログラマーは大量のコードを生み出し続ける
- テスターはテストするコードを十分にさばける
- テスターは大量の不具合チケットを十分に書ける
- 不具合修正担当は、倍増した不具合チケットの対処に困る

　残念ながら、今度は不具合修正担当の作業量が膨大になり、作業が溢れてしまいます。

　最初はテスト工程がボトルネックだったはずが、不具合の修正工程にボトルネックが生じました。このように、ある状況に何らかの対処をすると、もともとあったボトルネックは別の場所に移動するのです。

　これは不思議なことではありません。ボトルネック自体は、PERT図や組織図の固定された状態に対して発生します。ボトルネックを解消すれば、PERT図や組織図は別のものになります。別のPERT図であれば、当然別のボトルネックが存在します。

○ **移動するボトルネック**

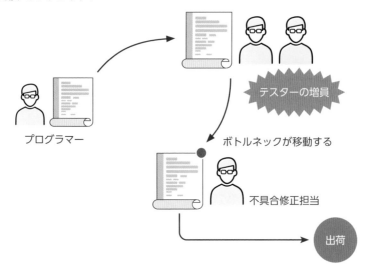

プログラマー

テスターの増員

ボトルネックが移動する

不具合修正担当

出荷

　資金があるならば、さらに不具合修正の工程に1名を追加し、1：2：2の比率で作業を行えばスムースにソフトウェア開発ができそうだと予想が立ちます。ただし、実際には資金がこれほど潤沢ではない場合も多いです。もう1つ歩を進めれば、1：2：2の比率にするためにはプログラマーが半分くらいの労力でコーディングを行えばよいということになります（0.5：1：1）。これにより、各工程に対して資金を注入するのではなく、むしろ最大限ではない作業量を与えることでプロジェクト全体が安定するという結果になりました。

　興味深いことに、「プログラマーが品質のよいコーディングを行えばよい」という直観的な判断と同じ結論を得られました。ただし、制約理論を使った考察はそれぞれに根拠があり、考察の結果としてプログラマーはもう少しコーディングに時間をかけてよいという結論が得られます。

最初に戻ってボトルネックを探す

　複数のタスクの繋がりがあり、これを計測してカイゼンを行うことが最初の一手です。

　カイゼンをした結果、最終的な出荷量が悪くなることもあります。カイゼン

したのに改悪になってしまうという現象です。そのため、カイゼンを施した後も計測は引き続き行わなければなりません。

　カイゼンした結果がきちんと改善に繋がった場合には、先に解説した通り、ボトルネックが移動します。第一の障害が取り除かれるので、第二の障害が最上位に上がるという現象です。すぐに次のボトルネックの対処をしたいところですが、カイゼンの効果は一時的なものかもしれないので、しばらくそのままにして経過観察をします。

　カイゼンのための特効薬があるわけではありません。短期的なカイゼン効果は局所最適化に陥ることが多く、全体を見ると効率が落ちてしまう場合があります。ベストな方法は、プロジェクト全体を見渡して全体最適化となるようなボトルネックを探すことですが、これは不可能に近いです。見渡せるタスクや計測できるタスクは限られています。このため、タスクを厳密に抽出したとしても、必ず効果的なボトルネックを探し出せるとは限りません。ましてオートメーション化された工場とは異なる、混沌としたソフトウェア開発においては、実際の効果は予測できないところが多いでしょう。

　このためにも、小さくカイゼンを行い、効果を確かめながら少しずつボトルネックを探すことが必要です。

◉ **見えないタスクは測定できない**

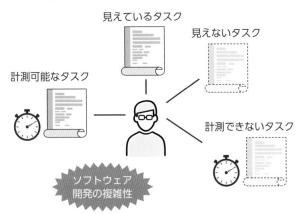

Section 36

リソースを追加する場所

ボトルネックが見つかったら、ボトルネックを強化する、あるいは活用することによって全体の生産性を上げます。ここでは、リソースを追加するときの手順を詳しく説明します。

タスクを書き出す

制約理論の解説書には、工場の生産工程を扱う『ザ・ゴール』(P.168の注7.1を参照)や小売店を含めたサプライチェーンの効率化を扱う『チェンジ・ザ・ルール』[注8.3]がありますが、これをITのプロセスを使って具体的に解説していきましょう。

PMBOKでも取り上げられるように、クリティカルチェーンを扱うCCPM(クリティカルチェーンプロジェクトマネジメント)はソフトウェア開発にも応用ができます。

ただしアジャイル開発は、各プロセス(設計工程、実装工程、テスト工程など)をシーケンシャルに繋げたウォーターフォール開発とは異なります。複雑に絡み合った工程は、セル生産のように一人がいろいろな作業を実施します。たとえば医療機器のような複雑な組み合わせを必要する機械を生産しようとするとき、工程を分けて分担するよりも、ある程度の作業をまとめてしまったほうが全体として生産効率はよくなるのです(**多機能工**[注8.4])。

工場の流れ作業のように複数名で細かく作業を分担して作業効率を上げるのとは異なり、セル生産では一人が複数のまとまりの作業を行い、道具の置き場所や手順などを創意工夫します。人が道具と化すのではなく、個人の特性を活かす方式です。

先の解説では、コーディング、テスト、不具合修正を別々の三人で分担して

注8.3 『チェンジ・ザ・ルール!』／エリヤフ・ゴールドラット [著]／三本木亮 [訳]／ダイヤモンド社 (2002年)

注8.4 『人を活かす究極の生産システム セル生産の真髄』／金辰吉 [著]／日刊工業新聞社 (2013年)

いましたが、実際のアジャイル開発では3つの工程を一人で行うことが多いでしょう。xUnitを使った回帰テスト方式では、コーディングとテスト、不具合修正は実際には一体化しています。

では、3つの工程を一人で担当するケースで、プロセスの改善を試みます。

○ **3つの工程を一人で担当**

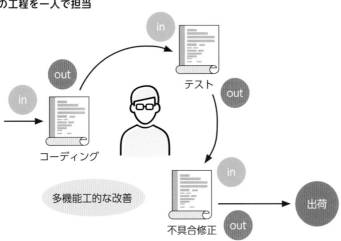

まず、全体のインプットとアウトプットを考えます。コーディングであれば、どのような設計書をもとにして何を作り出すかです。ここでは、インプットを「コーディングのもととなる設計書の量」とします。数量として表したいので、設計のチケット数や設計書の枚数のような数えられるものにしておくのがベターです。

インプットのチケットに対応する実装（クラスや関数など）がアウトプットです。アウトプットも、インプットと同じように数を数えられるようにしておきます。チケット駆動であれば、設計書のチケットの完了数としてもよいでしょう。実装量を求めたい場合は、コード量やクラスの数でも構いません。要は「アウトプットが増えているかどうか」の計測ができればよいのです。

インプットの量とアウトプットの量が判明したので、単位時間あたりの完成量を計算できます。1日あたり、あるいは1週間あたりの完成量となります。これをスループットと言うことができます。スループットはちょうど川を流れる水量のようなもので、インプットから効率よくアウトプットに流れていけば、スループットを最大にできるはずです。

タスクを分析する

　インプットとアウトプットが決まったら、中身となるタスク分けを決めていきます。タスク分けは工場の加工工程やサプライチェーンのようにすでに決まっているものもあれば、セル生産のように分化されていないものもあります。アジャイル開発の場合、一人の開発者がいろいろなことを実装しているので、多機能工と同じように混在している作業をタスクとして分解します。

　ここでは、以下の3つのタスクに分解します。

- 設計チケットに沿ってコーディングを行う
- できあがったコードをテストする
- コードに不具合があれば、不具合チケットを書き直す

　これは先に解説したボトルネックの解説そのものです。先の解説と異なるのは、3つのタスクを一人の開発者が行うということです。

　タスクに分解するという書き方をしましたが、この段階では完全に正確な分割の必要はなく、分析途中の大まかな分割で構いません。タスク分けの正しさは後から検討します。

　3つのタスクに分けた後は、それぞれのタスクがどのように関係しているのかを分析します。ちょうど、PERT図やステートチャートと似た形になります。ただし、今回の場合は、

- A：コーディング
- B：テスト
- C：不具合チェック

という3つのタスクを考えて、AからB、BからC、そしてCからAの流れを追加します。ウォーターフォール開発やPERT図では「CからA」のような逆向きの流れがないことが多いです。古くはシステムダイナミクスを使い、各工程（タスク）のインプットとアウトプットを繋げて仕事の流量の変化を計算する手法です。最近ではコンピューターの性能アップにより、この効果をRなどの言語

を使って自分でシミュレーションをすることも可能になりました。実際に数値解析をしてもよいのですが、ここではあまり複雑ではないため図を書きながら思考実験していきましょう。

● **3つのタスク**

ボトルネックを強化する

タスクが並行で動作している場合はPERT図を描き、並行に動作しているタスクの作業量を鑑みて**クリティカルパス**を導き出します。クリティカルパスは、これ以上短くならない時間のラインであり、これらの連続した繋がりを**クリティカルチェーン**と言います。

クリティカルチェーンの中で、最も弱い部分、あるいは重要な部分がボトルネックの候補になります。この例では、3つのタスクすべてがボトルネックになる可能性を持っています。

次にタスクに対して、コーディングに時間がかかる、コーディングが雑で不具合が多い、といったようにボトルネックを考えます。この段階ではおおよその目星で構いません。職業的な直感で、これではないかと決めてしまいます。正確さは何度かの分析で調査します。

● **最初のボトルネックを検出**

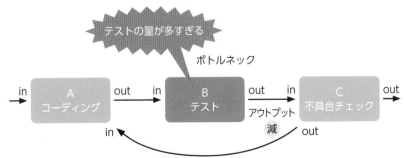

ここでは、タスクB（テスト工程）で「テストが多く時間がかかりすぎている」というボトルネックを見つけたとしましょう。テスト駆動開発でよく陥るテストジャンキーという状態です。これは、テストコードをたくさん作るのですが、プロパティや簡単な変数だけをチェックして常にグリーンとなるテストコードを量産している状態です。

　時間をかけすぎということで、マネージャーとしてはもう少しテスト時間を削って全体の作業効率をよくしたいところです。個人の作業としても、テストコード作りにかけていた時間をコーディングや不具合修正に割り振ったほうが全体としてよくなるかもしれません。つまりは、最終的なアウトプットの量を増やすことが可能と考えられます。

○ **ボトルネックのタスクを改善する？**

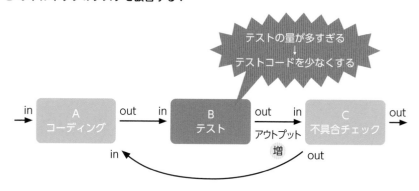

　ボトルネックを見つけたとき、タスク組み換えなどの改善方法もあるのですが、ボトルネックの活用を試みます。相互のタスクの繋がり（つまりクリティカルパス）を変えない形で、ボトルネックになっているタスクのリソースを調節します。

　テストジャンキーの問題に対して、テストコードを書く時間を減らすという形で改善を試みましょう。このとき、リソースの調節前後ではどのようにアウトプットが変わるでしょうか？

　テスト工程にかける時間を減らすと、実はアウトプットが増大します。

・**テストコードを少なくする**

- テスト対象が減るので、不具合自体が減る
- 不具合の数が減るので、修正が減る
- 最終的なアウトプットの量が増える

　万歳、これでボトルネックが解消されて全体のスループットが上がりました。テストを減らすだけで全体の作業効率がよくなるのですから、余った時間はどんどんコーディングにつぎ込めばよさそうです。

　ですが、ちょっと待ってください。この図では重大なタスクが抜けているような気がします。不具合の多いコードに対してテストコードを減らせば、不具合検出率が減るのですから、不具合によるコードの修正が減るのはあたりまえです。できあがったアウトプット（完成コード）は、実にたくさんのバグを含んだままではないでしょうか。これでは困りますね。

タスクを追加して再チェックする

　どうやら、完成したコードをチェックするタスクが足りないようです。もう1つタスクを追加します。

- A：コーディング
- B：テスト
- C：不具合チェック
- D：品質チェック

　Dの品質チェックのタスクでは、設計チケットの要件を満たしているかどうかをチェックします。これらの4つのタスクを一人で行うので、設計を満たしているかのチェックは最終段階で行います。テストコードでチェックしてもよいですし、何らかの外部ツールと連携してチェックする方法でもよいでしょう。少なくとも作成したコードに対して、単純にできあがっただけの状態を目的とするのではなく、品質の高いコードをアウトプットするという目標に切り替えます。

　この4つめのタスクを加えた場合、無闇にタスクBのテストコードを減らしたときには、DからAへの流れが増大します。タスクD自体にかかる時間も増

えてしまうかもしれません。結果として、単位時間あたりのアウトプット量が減少してしまうことが想像できます。

○ **タスクを追加して再検討**

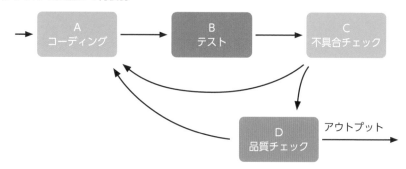

では、最終的なアウトプットの量を増加させるためにはどうしたらよいでしょうか？

ボトルネックを活用する

先ほど、ボトルネック解消の際にタスクB（テスト工程）を扱いましたが、テストコードの作成にかける時間を抑えつつテストコードの質を上げることが重要です。テストコードの作成時間を減らすには、いわゆるテストジャンキーのコードを減らすことが大切です。常にグリーンになるコードならば省略してしまいます。あるいはAIに自動生成させるだけでもよいでしょう。ポイントは「Dの品質チェックに見合うようなテストコードの作成に集中して時間をかけること」です。

タスクBの時間が変わらなかったとしても、テストコードの有効性を上げられれば、タスクD（品質チェック）にかける時間が少なくなり、最終的なアウトプットを増やせます。逆に、すでにテストコードの質が十分によいものだったならば、タスクDの工程にかかる時間が変わらない場合は他にボトルネックがあると考えてよいでしょう。Aのコーディングに問題がある、Cの不具合のフィードバックに時間がかかっていることが考えられます。

例としては、不具合の再現性が低く、解決に時間を要して全体のスループッ

トが下がってしまっているパターンがあります。このようなときは、ボトルネックはC（不具合チェック）の部分なので、再現手順の詳細をメモしたり、動作したときのログを残したりするといった工夫をします。

○ **ボトルネック探しと計測**

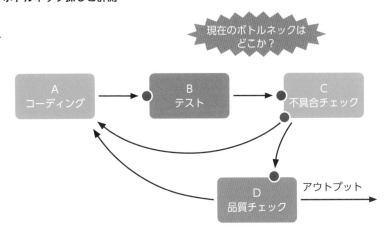

ボトルネックの発見や強化などを行う場合、思考実験と並行して計測しておくことも必要です。たとえば、テスト工程の質がボトルネックだった場合、これに対処すると全体のスループットがよくなるわけですが、ある程度まで改善されるとテスト工程以外のところにボトルネックが移ります。最も弱かったところが改善されて強くなったので、2番目に弱かったところが最も弱いところになるという具合です。実際の改善作業でも、定期的にボトルネックであった部分の計測が必要になる理由がこれです。

タスクの入力（in）と出力（out）やタスク自体の数によって、ボトルネックを探すときの盤面が変わってしまいます。最初の細かい部分だけを観察した場合、局所最適化に陥りやすくなります。いくつかのタスクを追加すると全体最適化に近づくことができます。単純に効率化だけを目指すのではなく、プロジェクト全体として何を目的にしているのかが重要です。

いつまでリソースを使うか

ボトルネックに常にリソースを追加し続ければよいというわけではありません。「ボトルネックは移動する」という前提条件のもと、ソフトウェア開発でのリソースの追加どころを見ていきましょう。

複雑化するタスク

　工場のようなオートメーションかつ各工程が繰り返し使われる場面では、各工程に対するピンポイントな改善が大きく効いてきます。ところがソフトウェア開発では、繰り返しの部分が少なく各工程も入り組んでいるため、ピンポイントに改善を施したとしても効果が長続きするとは限りません。むしろ、長く続けてしまうと悪化してしまうことも多いのです。

　要因としては、ソフトウェア開発特有の特徴があります。

- 実際のタスクは一般の製造工程よりも非常に多い
- 各タスクが多種多様である
- 各タスクが複雑に絡み合っている

　ボトルネックを見つける例として、コーディングから品質チェックまでの4つのタスクを扱いました（→Section 36）。解説のために単純化していますが（実際はこれだけでも効果があります）、実際のソフトウェア開発ではもっと多くのタスク、タスクの種類が存在します。多人数で分業をするウォーターフォール開発を考えたとき、各タスクをそれぞれのメンバー、チームあるいは会社に分割するためにプロセスを簡略化しますが、プロセスをまたがるときの問題に対応できません。これがアジャイル開発を行う根本的な理由となっています。

　複雑化するタスクと、現実の変化に伴い変化するタスクを取り込むために、アジャイル開発のチームでは無理に各タスクを分類するのではなく、チケット駆動やスプリントバックログの方式で無闇な複雑さを避けるよう単純化して扱

います。それゆえに、チーム内の開発者一人ひとりの裁量の部分が大きくなっています。まさしく、この部分はセル生産の多機能工の考え方と同じです。

○ **ライン生産とセル生産**

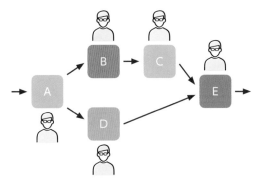

一般的なライン生産の工程

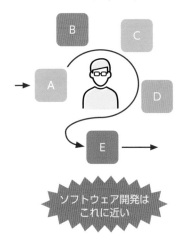

セル生産的な工程

ソフトウェア開発は
これに近い

時間による計測は難しい

個人的な裁量は大きいですが、チーム全体の生産性を、個人の能力に完全に依存しているわけでもありません。開発対象となるソフトウェアの種類にもよ

りますが、スーパープログラマーが一人いれば生産性がアップするのではなく、『知識創造企業』（P.025の注2.3を参照）でも言われているようにチームとしての働きが求められます。

　ソフトウェア開発においてボトルネックを見つける場合には、「何か効率の悪いことをしているのでは」「何かリソースを追加すれば効率よく動けるようになるのではないか」という勘が初手になります。工場のオートメーションのように、作業をストップウォッチで計測して比較することは難しいです。一人の開発者がコーディングをする時間、テストコードを書く時間、テストを実行する時間、不具合を修正する時間、といったように分割して計測できるわけではありません。

　実際に計測できるものは、設計書やチケットを渡されてからそれらが完成するまでの期間にすぎません。それですら、途中に挟まる会議や通勤時間、チャットや息抜きのSNSなどの不確定要素が多く（シャワーを浴びているときに重要なバグを直すアイデアが浮かぶこともあります）、定型化して測定できるものではないのです。

○ 計測できない時間がある

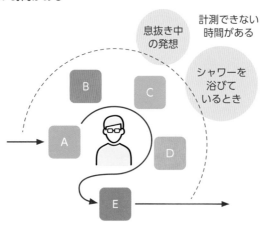

　また、ソフトウェアの開発が複雑だからといって、無闇に個人の能力に頼ってしまえばカウボーイプログラミング（→Section 02）に陥ってしまい、保守不可能な状態となってしまいます。保守不可能、制御不可能な状態になってし

まうくらいなら、ウォーターフォール開発のほうがよいのではないかと考える
経営層も多くなります。

　タスクが入り組んでいるものを無理矢理順序立ててオートメーション化して
しまうよりも、作業の順番を変えたり注力するタスクを状況に応じて変えてみ
たりという、多機能工かつアジャイル的な方法がプロジェクト全体の効率化に
は有効と言えます。これらは、個人の中の暗黙知 (個人的なノウハウ) からチー
ムへの暗黙知に繋がります。

限られたリソースをどこに注力するか

　個人あるいはチーム内での複雑な工程に関するボトルネックの見つけ方と活
用の仕方は、Section 36で示した通りです。思考を発散させないために事前の
計測も多少は必要ですが、ボトルネックを見つけるときは、精密な計測は必ず
しも必要とはしません。

　次に、何らかの対処を行ったとき (ボトルネックの活用、ボトルネックの強化)
に、その効果が持続しているかどうかを確認します。ちょうど、PDCAサイク
ル (→Section 39) のCheckにあたる作業です。

　チーム内のプロセスは複雑なので、1つの影響が即、生産性向上に直接寄与
しているとは限りません。間接的な影響もありますし、思考実験の間違いから
逆に悪影響を及ぼしているかもしれません。

　さらに、最大のボトルネックを解消すれば次のボトルネックが浮上してくる
ので、ボトルネックに対するリソースの費用対効果はだんだん薄れてきます。

　先に挙げた4つのタスクの効果測定の仕方としては、まずは最終的な生産物
の品質向上が求められます。漠然と、生産性向上あるいは品質向上と言われて
も継続的な計測がしにくいので、一定の指標を決めておきます。

- 設計書からできあがるコード量 (ステップ数でもよい)
- 開発過程におけるGitへのコミット量や頻度
- 最終的にできあがったコードに対する運用試験の不具合量

などの指標が考えられます。

○ 計測の指標を明確にする

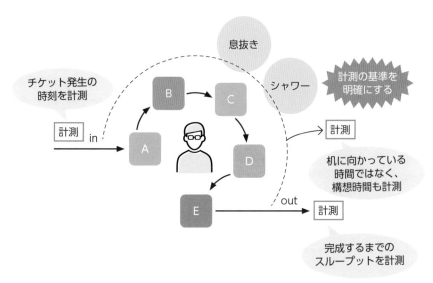

　現在では、一般的にコードのステップ数は生産性を計測するための指標として適切ではないとされていますが、手軽に自動計算ができるので一時的なものとしては有効です。

　ただし、コード量の絶対値ではなく、コード量の増減の傾向（トレンド）を計測します。たとえば、ボトルネックへの対処前に「コード量が思ったよりも少ない」と感じたときは、対処後に「ある程度のコード量の増加が認められた」という増加傾向があれば十分です。

　コード量の増加は、ひょっとするとライブラリ知識の増加、適切なIDEの導入、高速なパソコンやモニターの導入で得られたものかもしれません。どのような効果であれ、何らかのボトルネックが解消されてコード量が増加することによって、生産性が向上するという目的が達成されつつあるという傾向を示せます。

計測を自動化する

ボトルネックによる対処の効果は、できるだけ自動的に観察できるものを対象にします。測定する指標を手作業で集めると、チームメンバーの恣意的な値や虚偽の計測値を提出しかねません。かつ、手作業で集めるのは面倒ですから継続できないかもしれません。このため、計測値はできるだけ自動計測できるものに限っておきます。あるいは、リーダー役が自動的に計測できるものに限ります。

この計測値をもとに、最初の「ボトルネックの活用」の効果がどこまで続くのか、さらには、次に移動したボトルネックを見つける機会を得られます。

C O L U M N

飴とピザ

知的生産には気分の問題が大きく影響します。IT企業が福利厚生を充実させるのは、社員の確保だけでなく、頭脳労働からくるストレスの解消、頭脳労働を促進させる環境づくりを優先していると思われます。

ソフトウェア開発プロジェクトでは、知的生産や知的好奇心（やる気）を妨げないように注意します。やる気を削ぐことが生産性を下げるのであれば、せめてやる気を削がないことを最低ラインにします。

怒号が交わされる現場では正常なプログラミングができません。時間の制限が厳しい状態では焦りが先に立ってしまうでしょう。失敗を許容できない現場では自由な精神が委縮してしまい、うまい発想が出てきません。自由裁量の範囲が狭い現場では部分最適化に陥ってしまいます。

サボることが前提のチームメンバーはプロフェッショナルとは言えないので除外します。あくまでチームに何らかの貢献をしたいというメンバーが「チーム」そのものを作ります。マネジメント活動が「監督官」に豹変してしまっては意味がありません。現場を厳しい目で観察するのは、サボりを見つけるためではなく、手助けのタイミングを見極めるためです。

つまりはチーム殺しをしないことです。自主的に活動ができるチームには鞭はいりません。たまにピザを差し入れるだけで十分です。

Section 38 省力化より無人化へ

通常は工程をより効率化して省力化することが求められますが、IT技術を利用すれば無人化して限りなく時間をゼロにすることも可能です。ここで、省力化と無人化の例を具体的に見ていきましょう。

省力化と部分最適化

制約理論（→Section 35）には出てきませんが、ソフトウェア開発のボトルネックでは、ボトルネック自身を限りなく高速化してしまうという特殊な技があります。

サプライチェーンや建築業界の工程管理のように、プロセス間に時間がかかる部分には、1つのプロセスを通過するときに時間的な制約が必ずかかります。しかし、書籍の販売が紙から電子書店に移ったとき、配送までの時間が限りなくゼロに近づいたのと同じように（夜中に布団に入りながらKindle本を買えるように）、ソフトウェア開発でも、電子化と無人化を進めることで対象となるボトルネックを無くすことも可能です。

プロセス改善には、**省力化**と**無人化**があります。

従来、他の業界にIT技術が投入される主な目的は省力化でした。コンピューターを導入して電卓で行っていた経理計算を高速化、請求書をひとつひとつ手書きしていたものを電子化して印刷、という具合に、10の作業を1にするという省力化がきっかけです。

これをさらに一歩推し進めるのが無人化です。たとえば、経理計算を省力化から無人化まで行うまでの手順（あるいは障壁）を考えてみましょう。

◯ 部分最適化と全体最適化

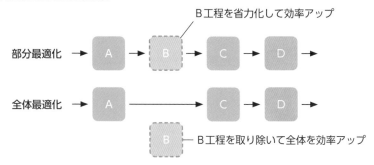

経理処理の作業をタスクで分解してみましょう。

- 紙での領収書を集める
- 領収書をまとめて出金伝票として記帳する
- 出金伝票から経費項目を記載しながら複式簿記に転記する
- 経費項目ごとに集計する
- 合計が月の上限を超えていないかチェックする

ここでは、すべてを手作業で行っていると想定しています（今では一般的な会計ソフトで自動計算が可能ですが）。5つのタスクについてすべてが手作業のため、非常に時間がかかっています。集計をする部分は電卓を使っていますが、これも手作業だとしましょう。

このプロセスを改善しようとするとき、1つの目標を立てます。

- 単位時間あたりの領収書の処理数が多くなること
- 集計結果が正しくなること

1つめの処理数は生産性にあたります。IT導入の大きな目的です。

2つめは処理の正確性です。あらゆる作業を手作業で行ってしまうため、ヒューマンエラーが発生する可能性があります。記帳や転記の作業を間違えないよう注意を払うこともできますが、たとえば二重チェックなどの手間がかかります。

さて、ざっと見るとわかるのですが、最初の「紙の領収書を集める」こと以

外は電子処理による省力化ができそうです。

- 領収書からOCRで読み取って出金伝票データにする
- 出金伝票データに対応表で経費項目を付けて、複式簿記データにする
- 複式簿記データを表計算ソフトで電子化する
- 月の上限を決めておき、アラームを発生させる

　現実問題としてはOCR読み取り部分にエラーが含まれそうですが、おおむね電子化をしてこの経理処理は省力化ができそうですね。各タスクが電子化されたので、生産性が向上したのは確実でしょう。
　では、さらに生産性（スループット）を上げるためにはどうしたらよいでしょうか。最初に考えられるのは、次の2点です。

- 紙の領収書集めを電子化できないか
- OCR読み取りの精度を上げられないか

　2つめのOCR読み取り精度を上げることも考えられるのですが、これは部分最適化です。本来は全体のスループットを上げることを目的としており、多くのコストをかけてOCR読み取り精度を上げても全体の生産性向上への寄与はそれほど大きくないでしょう。この「全体の効率化」のボトルネックとなっているのは、明らかに紙の領収書集めのようです。

○ **部分最適化に陥っていないか**

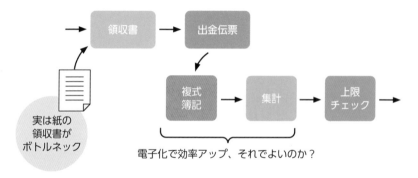

最終的に無人化を目指す

　ボトルネックの改善や各種の省力化による改善は、一見すると効率がよくなったように見えますが、部分的な測定値にすぎず全体の効率がよくなっているとは限りません。とくにボトルネックを対象にした改善を行う場合、ボトルネック以外に手を付けたとしても全体の効率化には寄与しません。これは、クリティカルパスから外れた部分に改善を施してもクリティカルチェーン自体の長さが変わらないためです。タスク間の在庫の部分で、部分最適化の効果は消えてしまいます。

　この場合、紙の領収書集めの部分がボトルネックとなっています。集計元の領収書集めの効率が悪ければ、他の内部タスクを高速化しても意味がありません。そして、まさしくこの最初のタスクこそが、経理処理全体を無人化するときの障壁となっていることがわかります。

○ 全体最適化するにはどうしたらよいか

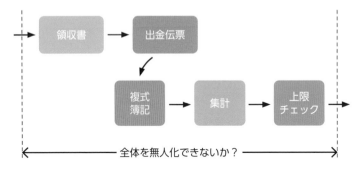

　紙の領収書が電子化されれば、最適化しようとしていたOCR処理自体が不要になります。ソフトウェア開発でも同様で、効率化をしようとするあまり省力化だけに走りすぎてしまい、無人化の部分を忘れてしまうことがあります。

　無人化の恩恵は、コンピューターによる高速な処理だけではありません。手作業によるヒューマンエラーを避けられます。身近な例としては、手順書を書いて手順通りにコマンドを打ち込むよりも、バッチファイルを書いて自動メンテナンスをしたほうがヒューマンエラーがなくなります。

Section 39
PDCA によるプロセス改善

ここで、プロセス改善活動でよく使われるPDCAサイクルをあらためて解説します。アジャイル開発では、小さなPDCAサイクルを回す（計測とチェックを入れる）ことでチームメンバーの暗黙知を高めます。

一般的なPDCAサイクル

全体のプロセス改善を行うとき、よく知られた**PDCAサイクル**を利用する方法があります。

○ **PDCAサイクル**

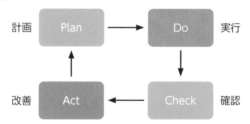

PDCAサイクルは、古くからある品質管理や業務改善に使われているプロセスです。現状を観察して計画を立案（Plan）し、実行（Do）、実行した結果を測定して確認（Check）した後に、改善（Act）していくという4段階を踏んで業務改善を行います。

ウォーターフォール開発が、要件定義や設計工程の後に実行プロセスとしてコーディングやテストを行うのに対して、アジャイル開発ではこれらの工程を混沌のまま扱います。開発プロジェクトを改善しようとするときには、2つのプロセスが考えられます。

- 以前の開発プロジェクトの不備を次のプロジェクトで改善する
- 今回の開発プロジェクトを進行途中で改善する

大企業のように多くのプロジェクトを次々とこなす場合には、既存プロジェクトでの経験が多く蓄積されています。そこで前者のように、プロジェクト運営を滞りなく行う、赤字プロジェクトにならないようにするといった防御策を施して、今後のプロジェクトに活かします。

　PDCAサイクルでは、計画のまま行動をし効果を測定する、という点が重要です。このため、ある程度は、計画を立ててそれに沿った形でプロジェクトを動かすことが必要になります。これは、PMBOKやCMMなどで使われる規律にあたるものです。多少窮屈にはなりますが、大勢の人が動く場合には、ある程度の規律に沿うスタイルのほうがプロジェクト運営は安定するでしょう。

　既存のプロジェクトを運営する中で、不都合があった点や現状にそぐわない点（とくにIT技術の進歩に伴うもの）などを、Check（確認）して、Act（改善）することになります。

　このように、計画を比較すること、確認のための現状測定が必須です。

アジャイル開発におけるPDCAサイクル

　アジャイル開発では、もっと小さくて素早いPDCAサイクルを扱います。アジャイル開発では、手順や契約を重視しつつもプロジェクト外の現実に目を向けなければいけません。開発プロジェクトが進んでいく中で、プロジェクト外の要因が変化したときには、それを取り込み自らも変化します。

　この場合、PDCAサイクルのPlan（計画）を仮説と捉えます。試しに仮説をDo（実行）してみて、効果測定をCheck（確認）します。全体のプロセスを一気に改善しようとするのではなく、試しに少しだけやってみるというスタイルです。

　目の前の繰り返しだけでなく、試しに少し変わったことをやる。大規模プロジェクトで全員が大きく変化するのは難しいですが、少人数のメンバーならば少しだけ変化を試みることが重要です。

　ただし、無闇に何かを変化させてみればよいというわけではありません。変化させて試した後には、どのような効果があったのか、あるいは無かったのかを測定しておきます。

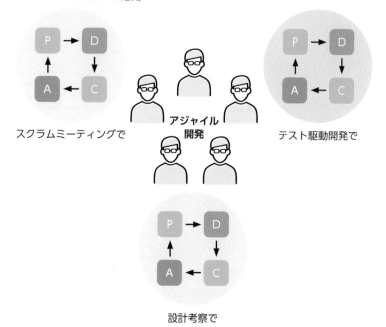

スクラムミーティングで

アジャイル
開発

テスト駆動開発で

設計考察で

　この小さなPDCAサイクルは、DevOpsとしての開発・運用プロジェクトにも有用です。Web広告サイトやゲームアプリのユーザーインターフェースなどは、定期的なアップデートを繰り返します。

　アップデート自体の方針は、B2Cのように競合他社よりも抜きん出るためという明快な目標がある場合と、社内情報システムのように安定稼働を第一に考える場合とで分かれるでしょう。後者の場合、定期的なアップデートは必要ないように見えますが、2000年以降のIT分野の進歩状態（オンプレのみのシステムからクラウド、Webシステム、スマホの利用など）を考えると、定期的なアップデートによりシステム自体を変化しやすい状態に保っておくほうが健全な状態と考えられます。こうしたケースでも、全体を切り替えてしまうのではなく、部分的な切り替えの計画、効果測定などを踏まえた小さなPDCAサイクルを利用します。

Chapter 9

ナレッジマネジメント

アジャイル開発の「スクラム」という名称は、企業ナレッジマネジメントの創始者的な位置にある『知識創造企業』にも登場します。ここでは、ナレッジマネジメントをアジャイル開発に取り入れることを考えます。

Section
40 ナレッジマネジメントとは

ソフトウェア開発は製造業のオートメーション工場のように同じ手順で作れるものではありません。その一方で、労働集約型のソフトウェア開発ではナレッジマネジメントが非常に有効です。

『知識創造企業』の一節から

アジャイル開発の「スクラム」は、『知識創造企業』（P.025の注2.3を参照）にも書かれているようにラグビーのスクラムにヒントを得たと言われています。『知識創造企業』は企業マネジメントの書籍ですが、トヨタの「カンバン方式」やドラッカーの『マネジメント』[注9.1]のように企業での**ナレッジマネジメント**の創始者的な位置にあります。

○「スクラム」の伝播

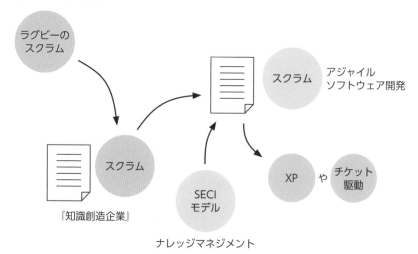

注9.1 『マネジメント［エッセンシャル版］—基本と原則』／ピーター・F・ドラッカー［著］／上田惇生［訳］／ダイヤモンド社（2001年）

2000年頃に、IT業界でナレッジマネジメントが流行った時期があります。ナレッジ＝企業内に隠された知識やノウハウをどのように企業全体に広げていくのか、をテーマとしてさまざまなナレッジマネジメントの「ツール」が発売されました。結論から言えば、当時のナレッジマネジメントツールはあまり残っていません。ソフトウェア業界では、UMLやGitなどの共同開発のためのツールが発達しましたが、一般的な製造業やサービス業においては従来型の「カンバン方式」のほうが残り、今でも十分に使われています。

　一見、先祖返りをしているようにも思えますが、スマートフォンを誰もが扱い、インターネットに接続してX（旧ツイッター）やインスタグラム、LINEなどのコミュニケーションツールを皆が使うようになった現在は、ツールが流行った当時よりもナレッジマネジメントの環境が一段階進んでいるとも考えられます。最近流行のChatGPTが一般に広まれば、さらに別のナレッジマネジメント手法も広がるかもしれません。

　ラグビーのスクラムでは、複数の選手ががっちりと肩を組み相手チームに対抗します。この「がっちりと組む」というスタイルの比喩が、そのままアジャイル開発のスクラムに流用されています。比喩的なものではありますが、それぞれのメンバーが言葉から受け取る印象を揃えるのに非常に適切だと思われます。

ナレッジマネジメントの必要性

　ドラッカーのいう『マネジメント』（P.204の注9.1を参照）には、日本でいうところの「管理者」よりも、「やり繰りをする仕事」という意味があります。IT業界でもプロジェクトマネージャーとプロジェクトリーダーが混在、あるいは同一視されていることも多いのですが、1つのプロジェクトにマネージャーとリーダーがいた場合には、マネージャーが渉外や契約などの責任を負い、リーダーはチームメンバーを含むソフトウェア開発の達成に責任を負うという役割分担をします。

　プロジェクトマネージャー（あるいはプロダクトマネージャー）は、主にプロジェクトの外側の様子についてマネジメントを行い、リーダーがプロジェクト内部のメンバーや進捗などについてマネジメントを行います。どちらも、不

測の事態において何かとやり繰りをしながら解決を目指し、プロジェクトが円滑に終わるように努めます。メンバーを恫喝、スケジュールを変えないまま残業を強いる、メンバーの努力だけで何とかしようとする姿は、決して円滑なマネジメントとは言えません。

○ 「ナレッジをマネジメントする」とは

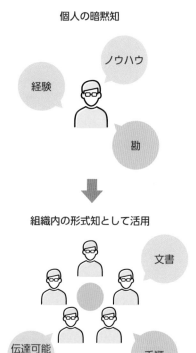

個人の暗黙知

組織内の形式知として活用

さて、ナレッジマネジメントとは何をマネジメントするのでしょうか？　ナレッジ＝知識をマネジメントする、知識をやり繰りするという言葉から何をイメージしますか？

ここでのナレッジマネジメントは、一人の頭の中に入っている知識を皆で共有しよう、というマネジメントになります。

たとえば、一人のプログラマーがよいアイデアを思い付きソフトウェアを

作ったとします。よいアイデアはそのプログラマーの頭の中に入っているため、次にソフトウェアを作るときにもその人に頼むしかありません。もし、その人がいなくなってしまえば、その会社に残されたプログラムを修正することも、改善することもできなくなってしまいます。

　特許という方法はナレッジマネジメントの1つのスタイルなのですが、特許までいかなくても、社内のノウハウ・よいアイデア・伝承しておきたいこと・効率よくできそうな思い付きといった雑多な社員の知恵を、何とか活用できないかというものがナレッジマネジメントブームの発端です。

　「トヨタ生産方式」で言えば、カンバンやカイゼンにあたります。KJ法やKPT法、マインドマップもナレッジマネジメントの手法です。現在ではさまざまなナレッジマネジメント手法があるので、ここではソフトウェア開発に関連するマネジメントのみを扱います。とくにアジャイル開発において、プロジェクトのメンバーがどのように知識を共有していくのか、という視点で解説を行います。

○ **知識創造の道具立て**

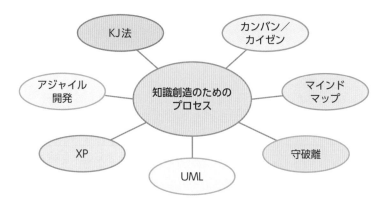

　アジャイル開発の各プロセスも含めて、チーム内の暗黙知をどのように引き出しまとめていくのかという道具立てになります。工場のようにオートメーションで作ることはできませんが、知恵をまとめ上げるノウハウはどれもソフトウェア開発に役立ちます。

刺身システムによる知識の共有

刺身システムでは、作業を分業するときに少しだけ作業が重なるように、少しだけ知識が重なるように仕事を配置します。線引きを緩くするのが、作業を取りこぼさないコツです。

再考「プロセスやツールよりも個人との対話を」

　アジャイルソフトウェア開発宣言（→Section 01）の一文、「プロセスやツールよりも個人との対話を」を再考してみましょう。

　ここでのプロセスは、ウォーターフォール開発で決められている厳密な工程（プロセス）のことです。要件定義工程、設計工程、コーディング工程とプロジェクトが進むとき、（厳密にするならば）コーディングは設計が終わらなければ始められません。なぜならば、これからコーディングするコードの内容はすべて設計書に書かれているべきだからです。完璧な設計書ができあがれば完璧なコードができるでしょう。逆に不完全な設計書からは不完全なコードしか生み出せません。ですから、設計工程には限りなく正確で厳密な文書を作るための労力を惜しんではいけません。

　しかし、残念ながらこのようにはいきません。計画駆動（ウォーターフォール開発）がすべてこの方式で行っているわけではなく、「理想的な条件においては」という制限がつきます。そのため、現実ではこれを達成することは難しいです。ウォーターフォールであってもアジャイルであっても、完璧な開発環境は求められません。不確定要素が少なめなプロジェクトならば計画駆動が、不確定要素が多いプロジェクトであればアジャイル方式が適している、というだけです。

　ところが、各プロセスの担当者が別の（たとえば設計部門とコーディング部門が分かれている）場合には、どうしても厳密な設計書を求めてしまうものです。別部門ではなく別会社だったり、派遣社員や下請け会社だったりすればなおさらでしょう。不確定なことが発生したときのリスクが大きく、それぞれが

厳しい契約で縛られ、契約以外のことが発生すれば揉め事になるのは必至です。

この原因は異なる部門の「線引き」にあることが、『知識創造企業』（P.025の注2.3を参照）に書かれています。

○ **刺身システム**

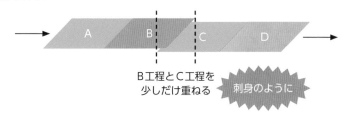

B工程とC工程を
少しだけ重ねる　　刺身のように

逆に言えば、これらの齟齬を解消するために部門間やプロセス間で少し重なりを持たせます。これを『知識創造企業』では**刺身システム**として紹介しています。

形式的な文書のやりとりだけでなく、対話を促進させることで文書にしにくいニュアンスも共有するようにします。重なりはペアプログラミング（→Section 08）やスタンドアップミーティング（→Section 25）による時間の共有に現れます。

たとえば、設計工程からコーディング工程に移るときに、設計書を次のプログラマーに渡すだけではなく設計書の解説を設計者自身が行います。設計書という「ツール」を渡すだけでなく、少しだけ設計者とコーディングをする人との間で「対話」を設けます。

知識的な重なりであれば、設計者は少しだけコーディングができるようにしておきます（実際のところ、設計者はコーディングができるべきだと筆者は思いますが）。コーディングをする人は、コーディングだけでなくUML・データベース・ネットワークなどの設計知識を得ます（これも、プログラマーにとって必須の知識だとは筆者は思いますが）。

このような重なりを作ることで、完全な理解はできないとしても、相手が何をやっているのかを少し知ることで何らかの気遣いができるでしょう。この気遣いが、最終的には円滑に開発プロジェクトを進める大きな要因になります。

のりしろを作る

この刺身システムの考え方は、ライブラリやWeb APIなどを作るときにも応用できます。ライブラリの呼び出し元のことを少し考えて呼び出しやすいようにするだけで、ライブラリの使用率が上がり、誤って使われる確率は減ります。これは、単にインターフェースを利用者に提示するだけではありません。多くのパラメーターを用意するよりも専用の構造体を作る、パラメーターの名前を適切なものにする、関数名を想像しやすいものにする。これらは巷のコーディングの本で言われていることでしょう。

これがちょうど**のりしろ**にあたります。各工程、各プロセス、各ライブラリの接続部分は、折り紙ののりしろのように重なりの部分を用意したほうが丈夫にくっつきます。

○ 「のりしろ」のある分業スタイル

分業スタイル   のりしろのある作業

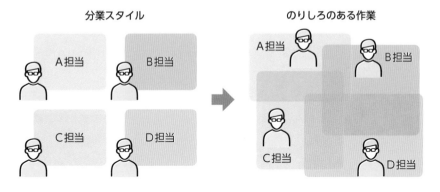

アジャイル開発プロセスで使われている「のりしろ」には、次のようなものが考えられます。

- スタンドアップミーティングで、同じ時間と同じ空間を共有する
- プロダクトオーナーがスクラムマスターと「プロダクトバックログ」を共有する
- スクラムマスターがメンバーと「スプリントバックログ」を共有する

単なる情報共有のように見えますが、それぞれ2種類の人間が関わっているのがミソです。スタンドアップミーティング（→Section 25）ではスクラムマスターとメンバー（あるいは複数のメンバー）、プロダクトバックログ（→Section 15）ではプロダクトオーナーとスクラムマスター、スプリントバックログ（→Section 15）ではスクラムマスターとメンバーです。

　この「のりしろ」の部分は、実はPMBOKにも表れています。

- プロジェクト計画書自身
- プロジェクト計画書に記述されるコミュニケーション計画部分

　プロジェクト計画書には、各種文書（要件定義書、外部設計書など）とは異なり、プロジェクトのすべてのメンバーが知っておくべきことが記述されています。プロジェクトメンバーが全体のスケジュールを知ることは、自分の担当部分のスケジュールが遅れていないかを自発的に監視できると同時に、他のメンバーとの連携を取りやすくします。

　プロジェクト計画書には、プロジェクトに参加するメンバーと組織図が記述されます。このため、誰が何をしているのか、設計書などで不明な点があれば誰に尋ねればよいのかが明確になります。逆に言えば、プロジェクト計画書が無い場合や、プロジェクトマネージャーだけが管理している（メンバーに周知していない）場合には、こうした自発的な行動は期待できません。

　プロジェクト内で開かれるコミュニケーション計画も重要です。ここには、顧客との定例会議や進捗報告などについて記述されています。これが無いと、顧客との打ち合わせがいつ行われるかわからないし、スケジュールに配置されているマイルストーン（→Section 32）もわかりません。プロジェクトが何か危機的な状態に陥っていたとしても、顧客からは見えず、何らかの「手を差し伸べる」ことすらできません。

　このような例を見ると、一見「情報共有が足りないだけではないか？」と思うかもしれません。次のSectionでは、もう少し具体的な情報のフローモデルを解説します。

Section 42
SECIモデルによる知識の循環

ナレッジマネジメントの手法としてSECIモデルを解説します。アジャイル開発では、チームメンバーの暗黙知を共有する共同化 (Socialization) と、チーム内で情報を共有する表出化 (Externalization) に重きがあります。

SECIモデルとは

SECIモデルは、チームの暗黙知（頭の中だけの知識）を形式知（文書など）に変えて最終的にチームの総合力を上げていくというナレッジマネジメントの生成モデルです。

- 共同化 (Socialization)
- 表出化 (Externalization)
- 結合化 (Combination)
- 内面化 (Internalization)

○ SECIモデル

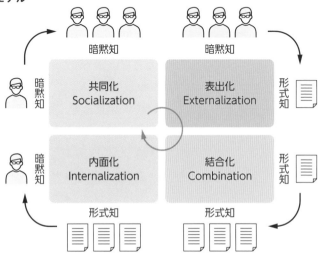

後述しますが、このモデルは「守破離」や「学習曲線」にも通じるものです。

簡単に図を説明しておきましょう。

個人の頭の中にあるアイデアは、頭の中にあるだけなので「暗黙知」と呼ばれるものです。頭の中にあるだけではチームで役に立たないので、他のチームメンバーに話して知識を共有します。これが「表出化」で、何らかの形で「形式知」に移行します。

数名で共有されたよい知識は、チーム全体／会社全体／組織全体に広げたいものです。数名で共有していた知識をチーム全体に広げるために設計書や手順書などを書きます。プレゼンテーション資料でもよいでしょう。このプロセスが「結合化」です。

チームのメンバーは、作成された設計書や手順書を読み込んで、それぞれメンバーの頭の中の知識として貯め込みます。頭の中なので各人の「暗黙知」になります。形式知としての文書を読んで頭で理解するプロセスが「内面化」になります。

最後に、チーム全体のそれぞれの頭に入っている知識を組織全体に広げて活性化します。会社内の小さなチームで培った知恵を、会社全体で共有しようとする試みです。これが「共同化」のプロセスになります。

大きな組織（とくに会社）という場を活性化させるためのSECIモデルは、アジャイル開発のプロジェクトにも応用ができます。

暗黙知を形式知に直す

アジャイル開発の最大のメリットは、チーム内の暗黙知の扱いです。

ウォーターフォール形式の開発で設計書があふれてしまい、設計書を一生懸命書いてもモノ（コード）ができあがらない状態に辟易して、アジャイル開発という新しいスタイルが生まれました。情報共有手段として設計書という形式知を使っていたのですが、これを書かずに済ませ、一気にソフトウェア開発へとつなげてしまおうというのがアジャイル憲章にある「動くソフトウェアへ」の意図です。

ですから、設計書を書いたうえで、あるいは設計書を書かずにのどちらでも構わないのですが、プログラマーの頭にある何らかの知識をソフトウェアの形

にしていきます。

　たとえば、漠然とした顧客の要求を逐一要求定義書としてまとめるのではなく、プロダクトバックログというシンプルなスタイルに直します。同じく、外部設計書などを詳細に作るのではなく、シンプルにスプリントバックログの各タスクに直します。チケット駆動であるならば、各チケットに作業を記述して開発を行います。

　それぞれの開発者あるいはリーダー、あるいは顧客が頭の中に描いていることはまったく違うかもしれません。それらを「表出化」する場合には、細かな形式を整えた要件定義や設計書に書き起こすのではなく、ホワイトボードに記述されたUMLや簡素に書かれたチケット（バックログ）に書き出します。表出化を簡素にして、形式知の部分を少なめにしています。

　チームのメンバーは、チケットリストやバックログを見てそれぞれ開発を行います。スクラム開発におけるスプリントであれば2週間程度の短期間で集中的に開発を行う。チケット駆動であれば毎日の始めに開発者がチケットを取り込みそれぞれの開発を行う。開発自体が「結合化」と言えるでしょう。

　SECIモデルにおける「内面化」や「共同化」のプロセスは、アジャイル開発ではもっとスピードが上がります。内面化であればチーム内の学習効果、共同化であればチーム内で自発的に発生した暗黙的なルール（コードのフォーマットを揃える、環境設定を誰もが知っている、製品を熟知しているので再現テストが楽、など）がチーム全体の生産性を上げます。

暗黙知のまま共有する

　SECIモデルでは、最終的に組織全体への知識のフィードバックを狙っていますが、アジャイル開発チームの中でのナレッジマネジメントであれば、暗黙知のまま知識を共有する形でも構いません。

　実際にアジャイル開発チームでは、メンバー同士の知識を明文化（文書化）することなく共有する手段がプラクティスとして用意されています。ペアプログラミング（→Section 08）やスタンドアップミーティング（→Section 25）を利用することで、過度な文書化を避けられます。

- 共同化（Socialization）
- 表出化（Externalization）

○ チーム内で暗黙知を共有

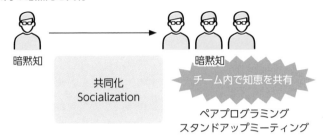

自分の経験をしたことを相手に伝える共同化では、特定の人に伝えるのか、見知らぬ人に伝えるのかで手段が変わってきます。

たとえば本書のようにアジャイル開発の説明を伝えるとき、それぞれの読者の前提知識は異なります。知識が浅い・深いとは別に、「アジャイル開発」という言葉から受け取るイメージも異なるでしょう。それを前提としたうえで、共通知識となる「アジャイル開発」の範囲を筆者が設定し、その設定をこと細かに伝えていく必要があります。数学のように定義を伝えるのではなく、具体的な実例や、ときにはアジャイル開発ではない反例も示しながら、読者が頭の中の「アジャイル開発」を作れるように材料を並べていきます。

一方で、特定の人に対して「アジャイル開発」を伝える場合、もう少し手間を省けます。ペアプログラミングやテスト駆動開発を一緒に実践することによって、「アジャイル開発」のスタイルを体験することも可能ですし、いくつかの開発スタイルの中でスクラム開発とXPとの違いを示すことも可能でしょう。相手の「アジャイル開発」の理解度も、対話によって質問をしながら伝えることも可能です。この言葉のやり取りが重要です。

暗黙知を伝達する場合、

- 同じ行為をしながら実体験をもって伝える「共同化」
- 言葉をやり取りしながら対話を重視して伝える「表出化」

ということが行われています。実際にはこれらが順番に現れるわけではなく、伝統職人のように背中を見て学ぶ方法と、具体的に言葉に出して教えながら行う方法とが交互に行われます。混在した状態が、アジャイル開発の各プラクティスの中で使われていると考えてよいでしょう。

『行動科学の展開』[注9.2]では、リーダーシップ・モデルを**指示**と**協労**によって段階があると考えられています。

- 高指示・低協労　教科書を見て行動する。リーダーとの共同作業は少ない
- 高指示・高協労　細かな指示を受けながら、リーダーと作業を行う
- 低指示・高協労　共同作業を主に行い、細かな指示は減る
- 低指示・低協労　リーダーとは独立して動き、伝達事項も少なくてよい

高度なスクラム開発チームを考えたとき、チームのメンバーはそれぞれ独立して動けるため（実際、独立系プログラマーを集めたチームを作ることが可能です）、相互に何かを指示することはありません。各メンバーが自分のやるべきことを知っているので、チームメンバーとのやり取りは主に頼みごとや、状況をよりよくするための判断材料の収集ということになるでしょう。図の学習曲線で言えば、「低指示・低協労」が理想的です。

ただし、実際問題として1つの会社内で年齢差を伴うスクラムチームや、会社や組織の壁を越えた開発プロジェクトのチームもあるでしょう。また、チームメンバーの開発能力が高いレベルで揃っているに越したことはないのですが、完全に揃うことは稀です。

最終的にそれぞれが独立した「低指示・低協労」の位置にいるのがよいですが、ソフトウェアのさまざまな技術（プログラミング言語、フレームワーク、クラウド、OSなど）によっては経験者であっても知識に差があります。すべてにおいて独立して動けるわけではありません。

注9.2　『入門から応用へ 行動科学の展開【新版】—人的資源の活用』／ポール・ハーシィ、ケネス・H・ブランチャード、デューイ・E・ジョンソン［著］／山本成二、山本あづさ［訳］／生産性出版（2000年）

○ **状況対応リーダーシップ・モデル**

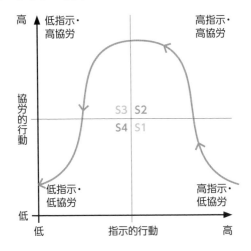

　こうした多様なメンバーを抱えたチームでは、同じアジャイル開発での暗黙知の共有であっても、伝達方式や学習方式にチームごとのアレンジがあったほうがよいと思われます。

　たとえば、ペアプログラミング（→Section 08）を行う場合、ドライバーとナビゲーターとはプログラミングスキルが同じくらいの人が望ましいのですが、あえて新人と経験者でペアを組むことにより、OJT的な効果を生み出せます。

　ドライバーに新人、ナビゲーターに経験者を置くことで、「高協労・高指示」な状態を作り的確に暗黙知を伝えられるようにします。新人・経験者ともに知識のバックグラウンドが違います。コーディングのスピード、つまずきのポイントはそれぞれ異なるでしょう。最近ではコード補完機能やコメントからの自動生成などを使い、コーディングのスピードアップが図れます。

　経験者にとっては、自分でタイピングを行い新人に解説したほうが手早く教育できると感じるかもしれませんが、後ろでナビゲーターとして見ている新人にとって経験者のタイピングは早くて理解できていない可能性が高いです。これは、大学の授業で教授が素早く書く板書を学生が無心に写す作業と似ています。大学の授業では板書をノートに取り後で復習することが重要ですが、アジャイル開発チームのような仕事の場では、のちの復習よりもその場で体感して習

9

ナレッジマネジメント

得するほうがよいでしょう。このため、ドライバー側に新人を置くほうが学習効果は高いと思われます。

　アジャイル開発チームでは、チーム内の暗黙知の共有が重要視されますが、チームが最終的に解散する＝プロジェクトが終了することを考えると、後継者のために文書化されたナレッジを残しておくことが望まれます。

　PMBOKに従って文書を作成すると文書化のプロセス自体が重くなってしまうので、最低限のものに限ります。コードリポジトリの共有、開発環境の手順をmarkdown形式やWiki形式で残す程度が望ましいです。

学習曲線を利用する

　学習曲線は新しい技術を習得するときの、学習の進行状況を表す曲線です。

　新しい技術で新しいプロジェクトを始めたとき、まずはチームメンバーが新しい技術を習得することに時間が費やされます。社内で開発・販売しているソフトウェアなどであれば、既存知識の蓄積（形式化された文書も含む）が多いため、プロジェクトの開始からトップスピードで開発を行うことが可能かもしれません。しかし、請負開発で外部から取り入れた新規ライブラリ／ツールなどがある場合は、まずそのライブラリを自由に使いこなすことが最初の作業になるでしょう。

　プロジェクト全体の学習曲線（タスクの消化具合など）も、人の学習曲線と似た傾向を示します。プロジェクトの立ち上げ時は、導入のための技術やコミュニケーションコストの増加などから、実績が上がりにくい時期です。そして時間が経過すると一定のスピードで開発できるようになります。

　その後、チーム内のコミュニケーションや暗黙知の共有などが最適化されてさらにスピードアップをします。これがチーム開発のトップスピードでしょう。

　学習曲線にはプラトーという伸び悩みの期間があります。最初からトップスピードの開発力が発揮できればよいのですが、そうはいきません。先ほどは「一定のスピード」という書き方をしましたが、実際には何かよさそうなツールや学習効果を加えてさらにスピードアップしようとするものの、うまく開発スピードがアップしない停滞の時期と言えます。

- プロジェクト途中では、学習効果が線形には上がらない
- プラトー（停滞状態）のため効果は観測されないが、学習は続ける
- 短期開発の場合、トップスピードにならないままプロジェクトが終わることもある

○ **学習曲線**

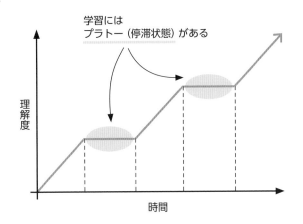

プロジェクト期間中にどの程度の学習を行い、その学習を現プロジェクトにどの程度フィードバックするのかは難しいところです。しかし、チームメンバーである開発者の人生はプロジェクトよりも長いことを考えれば、DevOpsのように継続して開発・運用を続けられるような学習体制を作っておくことが望ましいと考えられます。

プロジェクト側から見れば、最高のパフォーマンスをプロジェクト期間内に発揮してほしいところですが、うまくいくとは限りません。

プロジェクトで期間見積もりを行う際には、メンバーが常に学習効果で向上するとは見なさないほうが無難です。とくに新しいフレームワークの習得などは、技術的なノウハウを現プロジェクトで習得するのに必死であり、実質的に効果が出るのは次のプロジェクトであることが多いのです。このため、事前の反復用のプロジェクトを試作し、学習効果の出現を前倒しする方法もあります。

Section 43

守破離による基本から応用
そして脱却へ

学習プロセスのナレッジマネジメントに関連して、ここでは守破離の解説をします。プログラミング言語を学び、活用し、なぜ次の新しいプログラミング言語を使うのか。守破離が教えてくれます。

守破離とは

剣術や芸事の世界では**守破離**という学習プロセスがあります。

- 守：基本の習得
- 破：応用と発展
- 離：新たなアプローチへの移行

これを、プログラミング学習やソフトウェア開発のプロセスに応用できます。

最初の「守」は、基本に沿って学ぶ時期です。プログラミング言語の習得であれば、基本文法の習得、初学者のために書かれた書籍やブログを読みコーディングスタイルを真似ることからスタートします。剣術の「型」で言えば、何かの手順通りにコードを書いたり、環境構築をしたりする時期にあたるでしょう。

ある程度の量のコードを作成し、ライブラリの使い方や運用環境の習得などが終わったら、次の段階である「破」に移ります。つまり基本の技を応用して、発展させることになります。剣術の世界ならば、基本の技だけでは相手に対応されてしまうため、相手に勝つには応用が必須です。

ソフトウェア開発などの作業では仕事において必ずしも発展形が必要とは限りません。基本通りに仕事をこなしていれば十分という場合もあります。実際、仕事というのは安全第一でもあるので、危険なことはしない、リスクを取るようなことはしないのが一番かもしれませんが、何らかの形で発展をしようとするならば基本技で満足するだけではなく応用することが求められます。

ソフトウェア開発における「守破離」

　目の前のプロジェクト範囲内の技術だけ習得すればよいのかもしれません。しかし、プロジェクト期間よりも人生は長いのですから、より広い意味で新しいソフトウェア技術を見る必要があります。どのように次の段階に進めばよいのでしょうか。

　最終的には「離」段階に達し、既存のプログラミング言語や枠組みを離れて、新しいプログラミング言語などの習得が必要になります。ソフトウェア開発という人生において、1つのプログラミング言語やフレームワークだけで終わることはまず無いと考えられます。これはインフラエンジニアやデータベース管理者でも同じことでしょう。伝統芸術や建築業界でも、新しい技法を取り入れつつその分野を発展させることが多いのですから、IT業界も同じことが言えます。

○ 守破離

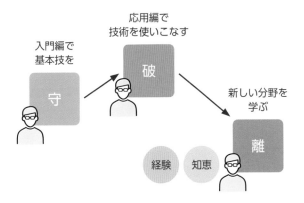

　現状を離れて新天地に向かうということは、単に流行を追うこととは異なります。目の前にある技術を十分に習得し、さらに発展させたうえで「離」の状態に至ります。

　新天地に脱却したら再び「守」の段階となり、基本からのスタートになります。しかし、これまで技術を習得したときのノウハウや、応用・発展させるときの手順などが身体に沁みついているため、2回目以降は早く習得できます。

知識を貯めるシステム

2000年代にナレッジマネジメントのブームがありました。当時は、ナレッジを貯め込むことに注力しすぎてブームは去ってしまいましたが、IT技術の発達により、昨今はナレッジを自然に貯められる傾向にあります。

貯め込む方法は自由

　Section 40でも触れたように、かつて、ナレッジマネジメントがブームになった時期があります。IT業界ではなく他の業界で、社員の知識をどうやって統合していくのかということが話題になりました。プロジェクトマネジメント学会では、『知識創造企業』（P.025の注2.3を参照）の著者の一人である野中郁次郎教授の講演もありました。

　当時のブームでは、ナレッジをどのようにかき集めるのかということに集中して数々のITツールが発表されましたが、今に至って残っているものはありません。まだGoogleが社内の全文検索システムを発表する前で、情報をかき集めたもののどうやって抽出するのかという視点が無かった頃です。

　結論から言えば、現在において情報をあえて整理する必要はありません。全文検索が高速になり、AIによる文章の要約が可能になり、さらに画像でも検索できるようになった今となっては、雑多なままデータを蓄積しても問題はありません。

具体的に記録を残す

　品質マネジメントシステムISO9001に従うと文書管理が大変になり、データ作成時に手間がかかりすぎてしますが、とくに整理しないで貯めておいても問題はありません。

- テキストデータ（Wiki、markdownなど）で残せば、ほぼ無限にストレージがある
- ソースコードの履歴はGitなどを利用し、基本は消さない
- ソースコードのコメントを残す
- 修正前のコードを削除しても、Gitなどで履歴が残るので問題は無い

　雑多なドキュメントとして放置してしまうと、最新版かどうかが気になるところです。しかし、将来的に過去のドキュメントを見たいときには、全分検索かAIによる要約から探索することが多くなると思われ、手間をかけてドキュメント整理をする必要は無いと考えられます。少なくとも、図書館の書籍のように整然と保管・管理する必要はありません。アジャイル開発のチームで発生した知見を貯め込むだけで十分でしょう。

○ ナレッジをマネジメントしないマネジメント方法

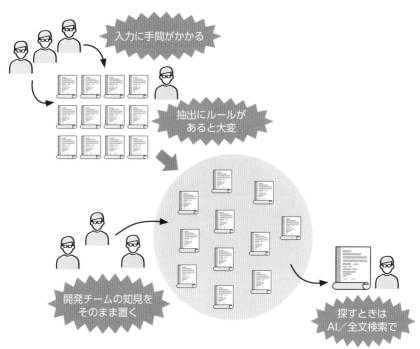

進化学でのグループの話

　ジョセフ・ヘンリック著『文化がヒトを進化させた』（今西康子訳／白揚社／2019年）という本があります。進化論では生物進化を自然淘汰を使って説明しますが、さらに発展させて人間の文化や伝承も進化論／進化学に適用されるという話です。

　著者はもともとプログラマーだった方で、その後、社会学的にフィールドワークとして世界の部族を実際に訪問し、他の文化（主に欧米文明）から隔離されたグループ／部族がどのように発展してきているのか、あるいは衰退するのかを調査しています。

　結論から言えば、とあるグループ内で厳しいルールを課した場合は、グループの外で起こる変化（外乱と言います）に追随できずに衰退が起こります。逆に、少し緩めのルールが設けられているグループのほうは生き残るという結果を得ています。

　これは進化学の中でも文化（遺伝子のジーンに対してミームとも言います）がどのように伝播・伝承されるのか、つまり淘汰されるのかを示しています。たとえば、軍隊式の厳しいルールを持った集団は、集団として頑健ではありますが、ルール破りに対して厳しい処罰を加え、ルール違反者に対する排除が起こりやすい状態になります。集団外の進化に対して疎い状態となってしまい、集団にとって致命的な何らかの要因に襲われたとき、全滅してしまうという弱い特性があります。

　このため、集団外の要素を取り込むための自由さが少しだけ必要になります。それを許容する緩いルールのほうが、結果として集団をより長持ちさせる、つまり存続させることに有利なのです。

　集団であるがゆえに一定のルールを必要としますが、厳しすぎるルールは集団自体を滅ぼしかねません。これはアジャイル開発のチームにも言えることでしょう。

Chapter *10*

継続的な
開発・学習・成長

参加しているプロジェクトが終了したり、ア
ジャイル開発チームが解散したりしたとしても、
開発者個人の人生は続きます。開発プロジェク
トやシステム運用を渡り歩こうとするときにも、
アジャイル特有の手法は有効です。

保守・運用まで考える

ソフトウェア開発がシステム運用と別工程だった時代から、開発と運用が継続する時代に入っています。定期的にバージョンアップするシステムに対して、アジャイル開発チームはどのようなアプローチをとればよいでしょうか。

開発は投げっぱなしだったか？

少し昔話をしましょう。2000年頃に発表されたアジャイルソフトウェア開発宣言（→Section 01）は、一気にソフトウェア業界に広まりました。従来のウォーターフォール形式の開発に疲れてしまい、新しいアジャイル開発手法に日本のプログラマーも飛びついた頃の話です。XPユーザー会やアジャイル協議会などの勉強会があり、開発者視点からいろいろな提案や開発をするときの技法などが話し合われていた時代です。

その頃に問題だったのは、「アジャイルの勉強会に顧客がいない」ことでした。当時の勉強会にはSIerを含め開発者たちが多く集っていました。しかし顧客側が不在だったのです。顧客側、つまりIT開発会社に発注する側の方が何人か来たこともあるのですが、基本は開発サイドからの参加が多く、いろいろな話し合いも開発サイドからの視点しかありませんでした。

IT系の勉強会ですから、XP用のライブラリやアジャイル開発をするときのノウハウを学習し意見交換をするのも大切ですし、それが主流でも構いません。しかし、「では、この条件（アジャイル開発というもの）を顧客が受け入れてくれるか？」というと、そこで議論が止まっていました。

時代は現在に至り、アジャイル開発のノウハウは多かれ少なかれIT会社には認知された状態になっています。大規模開発であっても部分的にスクラム開発をする場合もあり、イテレーション開発もあり、開発と運用が一体化したDevOpsというスタイルも生まれました。

日本でアジャイル開発が紹介され始めた頃は、まだ「開発会社は開発を行い、運用会社＝大手SIerが運用を行う」というスタイルが普通でした。開発と運用

は別の会社が行うことが多く、設計と開発、そして運用を別々の人たちが担う
ウォーターフォール形式は都合がよかったのです。各工程の間にマイルストー
ン（中間検収）を置き、進捗確認をして最終的に納品するのが開発会社の役目
です。一方、大手のSIerはこれを引き継ぎ運用を続けます。不具合解消や改修
については、その都度、開発会社に発注することが多い状態で、開発と運用が
一体化することはとても考えられない状態でした（例外的に、子会社を使って
内製する場合は別でしたが）。

○ 日本のソフトウェア開発事情

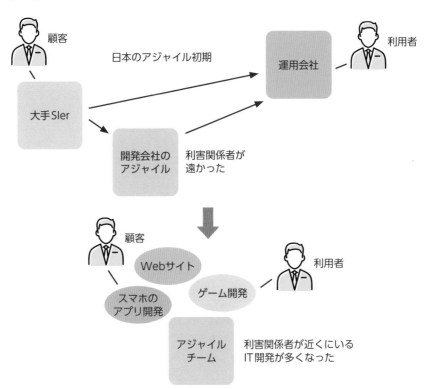

　2000年以後、IT企業の範囲は大きく変わっています。インターネットとブ
ラウザが一般に広まったことによって、WebデザインやWebアプリケーショ
ンが一気に広まりました。スマートフォンが一般的になることによりゲーム制

作企業も様変わりしました。WindowsのようなOSであっても、初回のバージョンを売り切るのではなく、バージョンアップをして機能を追加するようになり、数々のソフトウェアもバージョンアップをして継続的に利用者をつかむようになっています。

　Webサイトにも興隆がありますが、「サイトを作った人たちがサイトを運用する」時代に入っています。かつては情報システムの開発と運用が別々であったものが、Webサイトを運営する企業は、PerlやPHP、Rubyなどを使い開発と運用、そして機能追加のためのバージョンアップを行える体制を組んでいます。組込みシステムやゲームの制作企業、スタートアップのベンチャー企業に至るまで、ITあるいはICTそのものが価値を生み出す時代になっています。

　つまり、開発会社が顧客であり開発サイドであるという、アジャイル開発の条件が揃った状態になっていると考えられます。

Webサイトを運用する

　開発部門と運用部門がうまく協調できるアジャイル開発を考えてみましょう。

　Webサイトの開発は、技術更新のスピードが速く開発者にとっても面白い分野ではあります。従来型のPerlやRubyなどで作られたCGI形式やフレーム形式から、Reactなどを使ったSPA（シングルページアプリケーション）に移行しています。本書が出版された後も、さまざまな技術がWebサイトに取り込まれると考えられます。

　このような条件でWebサイトを運用するときに、開発部門と保守・運用部門が別々だった場合（別々の会社でも構いません）にどのような問題が起こるのか、もう一度考えてみましょう。

- 開発が終わり、運用が始まったときに開発部門が解散になる
- 開発部門から運用に引き渡すので、開発ノウハウのみに注力されやすい
- 運用時点で改修が必要になったとき、開発部門を集める必要がある
- 運用時点のノウハウが開発部門に反映されない

問題の1つは開発部門の解散です。これが別会社であれば、運用工程に入ったときには開発会社はすでにいない状態になってしまいます。開発会社にとっては開発すればそれで終わりになるため、納品物や契約を重視します。とくに大手SIerから受注しているところは、要件定義を満たし不具合（瑕疵）が無ければ契約が終了になるので、注力するのは開発工程そのものになります。

　実際のところ、大手SIerと開発会社の繋がりは単一のプロジェクトではなく複数のプロジェクトで引き続き行われるので、完全に「作ったら終わり」というわけにはいきません。不具合が多いようだと継続的な契約に影響があるため、開発会社にとっても不具合が少ないに越したことはありません。

○ チームが長く存続する

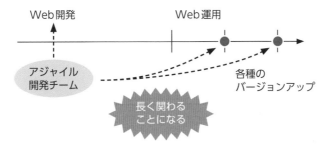

　Webサイトが運用段階に入った後、何らかの改修を行おうとしても開発部門がいなければ身動きがとれません。開発部門自体は、運用ノウハウが無いので運用はできません（としておきます）。運用部門も、軽微なプログラム修正ならばできるでしょうが、本格的なWebサイトの変更は難しい（としておきます）。

　これはちょうど、アジャイルソフトウェア開発宣言（→Section 01）の「顧客との協調を」に似ています。ひょっとすると、相互補完的に運用部門と開発部門が一緒に開発（あるいは運用）できる環境を作ればよいのではないか？　という提案です。これがDevOpsの発端になります。

　開発と運用が一体となったとき、その間にある垣根がとれて「のりしろ」ができるはずです。「刺身システム」（→Section 41）のように相互の部門を知ることができれば、ノウハウの移転やボトルネックの活用による効率化も可能になるでしょう。

継続可能な ソフトウェア開発

Section **46**

開発チームが運用まで継続すると同時に、個人としての開発者にも運用を意識したソフトウェア作りが求められます。運用プロセスを想像しながら設計することは、少しだけ相手のことを考える刺身システムと似ています。

開発だけでは終わらない

かつて、IT企業にとってはソフトウェア開発は新規開発が主なものでした。汎用機から、Unixをはじめとするオープン系システムに移り、パーソナルコンピューターが企業の業務システムで使われるというIT業界が拡大傾向にあったためという理由もありますが、システムが完成して納品した後の運用は、運用会社や利用者に引き継がれていたという理由もあります。

運用が始まったシステムは、おいそれと機能変更はできません。いったん運用状態に入ってしまうと修正が困難であるため、ソースコードを変更する必要がありません。開発時のプログラマーを確保しておくのはコストがかかってしまうため、別のプロジェクトで動くことになります。つまり、プログラマーは次々と新規開発に放り込まれることになるのです。

Windows Updateやゲームのアップデートのように、リリース済みのソフトウェアを後から更新できるようになったのは結構最近のことです。当初はセキュリティ対策や不具合解消のためのアップデートが中心でしたが、現在では新機能を追加するためのアップデートも行われるようになりました。

インターネット上で使われるWebアプリケーションも、このアップデートに近いものがあります。最初は固定HTML形式の表示から始まったWebシステムですが、ユーザーからの応答ができるCGIやサーバーサイドスクリプトの機能が発達すると、実質的に頻繁な機能アップデートができるようになってきました。

この頃から、老舗の料理サイトのように継続的なサイトやソフトウェアの更新が始まっています。動作しているプログラムに対して何らかの手を入れると

いうことは、変更時にプログラマーが必要であることを示しています。実際、Webシステムでは、運用を行う役割とWebシステム自身を作成する役割を併せ持った人が、企業サイトの制作を請け負っていた時期があります。

○ **知識を引き継ぐ**

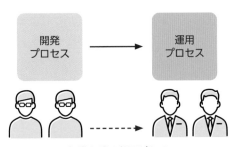

知識を残す必要がある

さらにスマートフォンが一般に広がると、ゲームやツールなどを含めて継続的なアップデートが必要になってきます。iOSやAndroidのアプリを作成したことがある方ならわかると思いますが、アプリ自身の機能アップの他に、それぞれのOSのアップデートに追随しなければいけません。古いAPIの呼び出しや古い形式のライブラリの使い方が次々と非推奨になっていくため、たとえアプリ自身の機能追加が無いとしても、アプリを継続的にスマートフォンで動作させるためにアップデートが必要です。

継続的にソフトウェア開発に関わる

大企業の一部門やスタートアップ真っ最中の企業に属しているならば別だと思いますが、現在はそれなりの規模のプロジェクトであれば、ソフトウェア開発とシステム運用が交互に現れるような開発スタイルが主流となっています。これは、いわゆる「フルスタックエンジニア」とは異なります。

技術的に能力が高い、あるいは広いという意味ではなく、開発時に運用のときの苦労を減らすための工夫ができるか（運用を行うのは自分かもしれない）という点です。あるいは逆に、既存システムを引き継ぎ運用しているときに、何か機能追加できる点を日常的に探しておけるかということです。

- 開発途中で、運用時にトラブル解決ができそうな手順を残しておく
- 運用時に、次期機能アップのための修正箇所の目安をつけておく

　この視点は、ちょうど『知識創造企業』（P.025の注2.3を参照）の言う刺身システム（→Section 41）に他なりません。形式に沿った文書として残す（手順書や設定書、トラブル時のQ&Aなど）ことも必要かもしれませんが、時間をかけず過度なものを避けるのであれば、ちょっとしたメモ書きやコードのコメント書きでも十分な場合があります。

○ **運用のための準備**

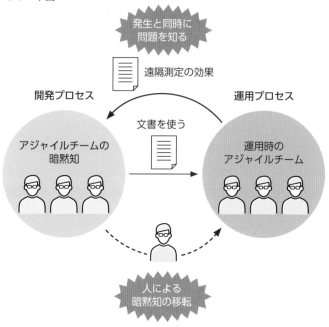

　学習曲線と同じように、ソフトウェア開発と保守・運用にも緩急があると考えられます。

- 1：開発初期に一気に機能アップを図る段階
- 2：保守・運用で品質を維持する段階
- 3：次のバージョンアップに備えて機能を追加する段階

1の段階は、要件定義から設計、そして実装までのプロセスを一気に駆け上がるスクラム開発であれば、積極的なスプリントを行っている時期です。ひょっとすると、リリース日に向けて多少の超過勤務をしている時期かもしれません。

　ソフトウェアがリリースされると、2の保守・運用のフェーズに移ります。実際にシステムの利用者がソフトウェアを使い始めると、開発者が予期しないバグが発生しがちです。そして徐々に不具合の発生も収まり、運用は安定していきます。

　次の3では、当初の開発が終わり、運用されているシステムに対して機能を追加、あるいは改善をします。運用前にはわからなかった利用者の思わぬ使い方や、パフォーマンスの悪いところに対処していきます。既存システムへの対処もあれば、新しい機能をサブシステムとして組み込むこともあるでしょう。新技術の対応（Web APIやAIなど）も含めて再び活発な状態になります。

継続的に関わるためのパラダイムシフト

　XPや昨今のOSSのリリーススケジュールにあるように、定期的なリリーススケジュールが必要になっています。数々のOSSでは、ライブラリやフレームワークを維持するために半年あるいは1年単位のバージョンアップを計画しています。また提供するバージョンによっても、ライブラリの互換性などから長期間のサポートバージョン（LTS）と一般的なバージョンアップとを分けています。

　スクラム開発のスタイルで言えば、プロダクトバックログ（→Section 15）のさらに外側に全体の計画を入れるようなものです。PDCAサイクル（→Section 39）を現場レベルだけでなく、もう一回り大きなレベルで考えて、最終的な目標を明確にします。

　逆説的ではありますが、開発がアクティブになっているときは運用時のことを考え、運用のように平坦な時期には開発のための準備を整えるというゆとりが必要になります。

Section 47 高品質がもたらす「ゆとり」

いわゆる「品質」とは何を示すのでしょうか。安定的にシステムが運営できること、不具合が無いアプリケーション、予算内期限内に開発されるプロジェクト。さまざまな品質がありますが、ここでは開発者にとってのインセンティブを考えます。

品質を高める原動力

アジャイル開発において、**品質**を高めるとは何を意味するのかを考えてみましょう。

一概に品質と言っても、品質工学的なばらつきを少なくする品質、品質マネジメントシステムの定義するトレーサビリティを確保するための文書的な品質、バグの少ないソースコードの品質などさまざまなものがありますが、「将来において楽ができるような」品質も考えられます。

継続的に仕事をするためには、極端に多忙であったり逆にやることが無い状態に陥ったりするよりも、ある程度振れ幅を少なくしたほうがよいのです。これには品質工学の管理図を利用できます。

○ **勤務時間の管理図**

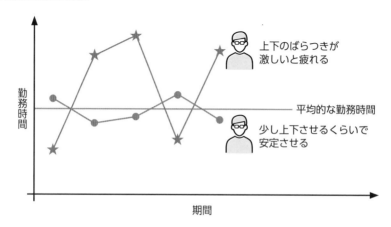

プログラマーの三大美徳の1つとして怠惰（Laziness）が挙げられます。たいていのプログラマーに当てはまるように、将来的な怠惰≒楽をするために、現状の苦労を厭わないのがプログラマーの不思議な特性と言えます。

　これは、IT業界が他の業界とは違う点に起因します。真夏にクーラーの効いた部屋でかちかちとキーボードを打つだけの楽な仕事と見られることもあるIT業界ですが、実際、運送業や建築業から見ればそうです。中には肉体労働（ケーブルの敷設やマシンの設置など）もありますが、多くの場合は頭脳労働という形で部屋の中で仕事をすることになります。

　おそらく本書の読者はIT業界の方でしょうから、精神が削られるなどのデメリットもあることをご存知だと思います。しかし、炎天下や寒空の中で作業をしなくて済む分だけ、他業界に比べれば仕事は楽と言えます（クーラーの効きすぎたサーバー室での作業を除けば）。

　IT業界の大きな問題は、何かをやったからといって仕事が終わるわけではない点です。その振れ幅が非常に大きいのです。プログラマーの生産性が新人とベテランを比べると100倍以上差があったり、数十人、数百人が集まっても解決できないような問題を一人のITエンジニアやプログラマーが解決したりすることもあります。製造業や建築業では、多少の差があるにせよここまで差が付くことはありません。

　もちろん、精密な機械操作や左官工事の仕上がり具合など、他分野でも熟練度や能力による差は存在します。しかし、ここではもう少し一般的な仕事振りについて範囲を絞っておきます。

品質を高める消極的な理由

　Section 43で解説した通り、新人は初期の学習を行うことで大きくステップアップします。いわゆる「低協労・高指示」の状態（→Section 42）で、学ぶべき教科書から大きく吸収をするほうが学習効率は高くなります。まずはこのステップを駆け上がるのがよいでしょう。

　では、ある程度の開発能力を得てIT業界で食える状態になったとき（あるいは食える状態への途上にいるとき）に、次はどうすべきかという話です。

　最新技術を習得する、あるいは知的興味を満足させるという本来の学習目的

に立ちかえることも可能ですが、ほどよく仕事がまわるようになれば、向上心が失われてしまうこともあります。また、日々の仕事に追われていると何か新しいものを学習する時間を確保できなくなります。

○ ソフトウェア開発者の頑張りどころ

　このときこそ、プログラマーの三大美徳である怠惰を利用します。将来的に楽になるには、この場でどうしたらよいだろうかと考えます。

- 運用の中で繰り返し手順に飽き飽きしたら、繰り返しのツールを作る
- 不具合対処に追われる状態であれば、設計を整理しておく
- ドキュメント整理に飽き飽きしたら、Wiki などの手間がかからない方法に移行する

　改善案を出して品質を上げることも重要ですが、逆に改善しないという方法もあります。

- 多少の手作業で済むのであれば、手順書を作り定期処理とする
- 例外処理として量が少なければ、無理に自動化せず手作業として残す
- 改修しようとする箇所では、どれだけのパフォーマンスが得られるか考察してから手を入れる

　ポイントは、怠惰のために手間を惜しまず、さらに改善の手間が多すぎる場合はあえて怠惰を優先させて手を付けない、という品質の確保の仕方です。

○ ジレンマの雲

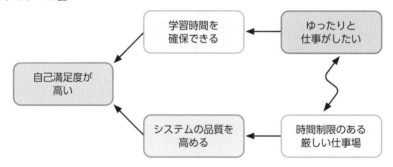

　開発者のゆとりが顧客システムの品質に繋がる思考プロセスを、**ジレンマの雲**（TOC思考）を使って解説します。

　図の右側には2つの対立した要素があります。開発者としては、時間に余裕をもってゆったりと仕事をしたいという要望があります。同時に、仕事として期限や予算などが制限されている厳しい現場を守らなければいけないという要求もあります。最終的には、開発者の自己満足度（給与アップ、将来の展望、社会貢献など）を高めたいという目的があります。2つの矛盾と思われる要望や現場の要求を、うまく目的へと繋げたいのです。

　ゆったりと仕事をして学習時間を確保することで、新技術の探索や現場への改善ツールの提案ができるようになります。これと同時に、プロジェクトの期間や予算を守るためにはシステムの品質を上げ、無闇な不具合やトラブルを減らす努力が必要です。高品質なシステムの構築は、開発者自身の負担も少なくなります。

　中間にある「学習時間を確保できる」「システムの品質を高める」は、うまくやれば両立が可能そうです。右端が対立項と思われるものであっても、左の最終目的に繋げる道筋を考えるのがジレンマの雲の考え方です。つまり、開発者が楽をできるゆとりが生まれれば、結果的にはシステムの高品質にも貢献できる可能性があるという論理が成り立ちます。

　これらで品質を高めたとき、時間の余裕が生まれます。時間の余裕、つまりは「ゆとり」を持たせることにより、最終的にはアジャイル開発における突発的な事態（外部的な要因や未知の要因で発生するトラブル）に対処できるようになります。

Section 48 プロジェクトの目標・個人の目標

20%ルールはかつてGoogle社が提唱した、業務時間内に本来の仕事を以外のことをやってよいとされる時間配分です。20%ルールとプロジェクトバッファを共有させることにより、プロジェクトの変化を許容しやすくします。

2つの目標の関係

どの業界も同じだとは思うのですが、学習なしで仕事を続けていくことは難しいです。仕事を続けるプログラマーとして働くこととアジャイル開発チームの一員でいることが同じ土俵で語られることはありませんが、どちらかの視点に偏ってしまうのも問題があります。

たとえば、プロジェクトが炎上して納期に間に合いそうに無いとき、スクラム開発のチームであれば多少の犠牲をいとわないような価値観の統一が必要である、ということを話しました（→Section 04）。実際、スクラムチームの結束力とスプリントバックログを守り切る責任感を頼りにしています。

一方で、一時的なプロジェクト炎上ならばまだしも、常にプロジェクトが遅延し続けるような場合はどうでしょう。アジャイル開発チームのメンバーとはいえ、会社員という立場であるならば離職も考えに入れなければいけません。自分自身の身を守るための手段になります。

社内である程度固定化されたアジャイル開発チームと、契約社員などを含むプロジェクト特化のアジャイル開発チームでは、チームメンバーの働く立ち位置はかなり異なります。しかし、どのような立ち位置であったとしても、チームがプロジェクトを成功に導く（納期や予算などを含めて）に越したことはありません。少なくとも誰しも失敗は避けたいはずです。

● 2つの目標

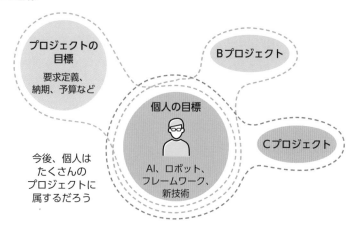

アジャイル開発は、未知なる問題に対して柔軟に対応するという手法をとってプロジェクトの失敗を避けようとしています。あらかじめ決められた要件定義とプロジェクト計画を推し進めるだけでは、長い期間で発生する障害に対処できないこと、要件定義や設計の一部がプロジェクト期間に変更あるいは形骸化したときに耐えられないことが主な理由です。これはプロジェクトを失敗させるマイナスの要因です。

一方で、プロジェクトを進めていくとプラスの要因も出てきます。アジャイル開発チーム内のコミュニケーションが良好になることによる効率化も主な要因ですが、設計やフレームワークの使い方などチームメンバーの開発能力がアップすることです。

プロジェクト失敗の要因として、よくメンバーの能力不足が挙げられます。本当の失敗要因はわからないですが、ソフトウェア開発が一過性の単純作業とは異なる以上、技術習得と学習というプロセスは欠かせません。少なくとも、プロジェクトの開始時点の開発能力は、終了時点では増えているのが自然でしょう。これは、PMBOKのプロジェクト計画書にある個人の目標にもあてはまります。

学習時間の確保と規模見積もり

では、実際問題としてどのように学習時間を確保するのがよいのでしょうか。

1つの方法として、かつて話題になった**20%ルール**（Google社が提唱し社内での学習や新たな挑戦を促進していた、業務時間の20%までを通常業務以外に使える仕組み）を活用します。この20%ルールの仕組みは、筆者はアジャイル開発のプロジェクトを安定して運営させるためにはよい手段だと考えます。

Chapter 8のボトルネック（→Section 35）で解説したプロジェクトバッファを利用します。

- もともとの規模見積もりに20%の余裕を持たせる。つまり1日8時間ではなく1日6時間として見積もる
- チケット駆動であれば、1日3チケット（1チケット2時間の見積もり）と制限する
- 1日の3チケットが終われば、残りの時間を学習に使う
- 1日の3チケットが終わらなければ、残りの時間を実務に使う

計算上、プロジェクトバッファは1.5倍になりますが、ここでは1.2倍にしています。これは1日8時間勤務で期間見積もりをしてしまうと、プロジェクトが遅延したときに常に超過勤務が発生して学習時間をまったく確保できなくなってしまうためです。あらかじめ1日6時間とし、プロジェクト規模が大きくなることを見越して計画を立てておきます。

昨今のアジャイル開発では在宅勤務を含むこともあるでしょうから、1日8時間という区切りは妥当ではないかもしれません。ただし、早く作業が終わったときに早上がりをして飲みに行ってしまうより（たまにはよいでしょうが）、何かプロジェクトや会社に関係があることに手を付けるというルールのほうが通りはよいと思われます。

この自由な時間の使い方は、ソフトウェア開発という時間に縛られない業務特有のメリットです。このメリットを活用し、さらに開発者自身のスキルアップも両立させます。

○ **20%ルールとプロジェクトバッファの併用**

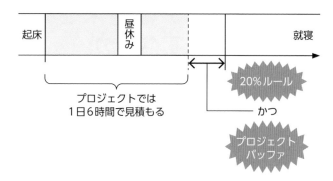

20%ルールとプロジェクトバッファの共存

　繰り返しになりますが、学習をせずに十数年同じ仕事をすることはできないでしょう。IT業界が最新技術に溢れているからこそ、それに追随するための情報吸収が必要となってきます。

　IT業界の黎明期では、個人の好奇心に頼っていた学習効果ですが、技術が多岐にわたりICTの重要性が増した現在では、もっと積極的に技術を学ぶ機会が必要です。これが、社内勉強会や研修への参加、そして業務内に行う20%ルールという学習時間です。業務時間外に学習を強制するのではなく、業務時間内に（つまりは給与を貰いながら）学習をするというシステムです。

　開発者の持つゆとりと開発システムの高品質への貢献は先に解説しましたが、ここではプロジェクト目標と個人的な目標との両立を試みることができます。

　開発者が学習をしなければ前に進めないと同時に、プロジェクトが忙しくなり破綻してしまうと学習時間を取れないというジレンマがあります。プロジェクトに業務時間のすべてを取られ忙殺されると、プロジェクト改善の余地がなくなってしまいます。

　そこで、個人的な学習時間のための20%ルールと、プロジェクト自身のゆとりであるプロジェクトバッファを柔軟に共有できるようにします。プロジェクトが忙しくテコ入れが必要な場合はプロジェクトバッファとして活用し、プロジェクトの進行を正常な状態に戻します。ある程度プロジェクトが安定していれば、個人的な目標を達成できるように学習時間として利用するのです。

エンジニアは週末をどう過ごすべきか

日進月歩のIT業界では、週末も含めて新しい技術を学習する必要があるという雰囲気があります。「学習しなければいけない」「まったく勉強しない」の間でどのくらいの目標を立てるべきでしょうか。

仕事は楽しいかね？

たびたび、IT業界のソフトウェア開発者がどのように**休日を過ごす**べきなのかが話題になります。一般的な会社員ならば、平日は朝会社に行き事務仕事をこなし、夕方に家に帰ってきて夕食をとり晩酌を楽しむ。休日になれば、家でゆっくりと過ごすか趣味（ドライブなど）を楽しむという具合でしょう。筆者のイメージですが。

しかし、ソフトウェア開発者やシステムエンジニアの場合、休日にこそ時間を使って最新技術に触れたり技術習得のために練習用のプログラミング、あるいはOSSの開発をしたりすることを求められることが多いのです。研究者的な、知的好奇心の旺盛な人が多いからかもしれません。

知的好奇心のままにあれこれと自分で進んで調べられる人は問題ありません。やりすぎに注意すればよいのですから。問題は、もっとシンプルに仕事をしていきたいメンバー、とくにこれからの若いメンバーの成長のためにどうすればよいか、ということです。

結論から言えば、メンバーに対して休日の学習を強要することはできません。できませんが、学習をするためのモチベーションを上げることは可能です。

目標を立てる

まずは明確な目標を立てます。長期的な目標や達成するのが難しい挑戦的な目標ではなく、ちょっとした達成可能な目標を立てます。

その目標を達成するために、業務時間の余りを使うのか、週末のちょっとし

た時間を使うのかは人それぞれです。達成するまでの手順は、チケット駆動を使ってもよいし、集中的に土日という時間を使ってもよいでしょう。勉強会への出席、ハッカソンなどへの参加もその1つです。

特定の技術の習得、最新フレームワークの使い方などを覚えることも重要ですが、学習し改善をした後に何らかのメリットを得られる体験が必要です。何よりも、業務時間内や休日での学習については、本書で示した通りプロジェクトを安定稼働させるためのスキル習得の効果が非常に大きいのです。つまり、「安定したプロジェクトに属することで、自由な時間や休暇も十分に確保できる」というフィードバックが得られます。

○ アジャイルの手法で休日を活用する

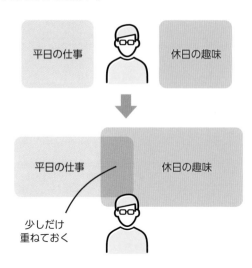

アジャイル開発のプロジェクトにおいて、リスクが高い行為は「現状維持」です。プロジェクト改善のために全速力で駆け抜けるほどではなくとも、ゆっくりと歩くぐらいのペースは必要です。

となれば、目の前で関わっているプロジェクトにも何かちょっとした変化が必要で、大きな変化を望めなくても少しずつよい方向に進んでいきます。逆にちょっとした間違いも受け入れながら、間違いと気づいたら方向転換できる余裕がほしいところです。このように、週末の活用にもアジャイルの手法が応用できます。

参考文献

本書の執筆にあたり参考にした文献を下記にまとめました。

1. 『知識創造企業』／野中郁次郎、竹内弘高 [著]／梅本勝博 [訳]／東洋経済新報社 （1996年）

   「スクラム」の語源（Section 04 など）、SECI モデル（Section 42）、暗黙知から形式知へ（Section 42）、ナレッジマネジメント（Chapter 9）

2. 『アジャイルソフトウェア開発スクラム』／ケン・シュエイバー、マイク・ビードル [著]／スクラムエバンジェリストグループ [訳]／長瀬嘉秀、今野睦 [監訳]／株式会社テクノロジックアート [編集]／ピアソン・エデュケーション（2003年）

   スクラム（Chapter 2 など）、プロダクトバックログ／スプリントバックログ（Section 06、15 など）

3. 『テスト駆動開発入門』／ケント・ベック [著]／長瀬嘉秀 [監訳]／株式会社テクノロジックアート [訳]／ピアソン・エデュケーション（2003年）

   XP（Chapter 2 など）、テスト駆動（Chapter 5）

4. 『職人学』／小関智弘 [著]／講談社（2003年）

   治具（Section 21）

5. 『ベーシック品質工学へのとびら』／田口玄一、横山巽子 [著]／日本規格協会（2007年）

   管理図（Section 47）

6. 『入門から応用へ 行動科学の展開【新版】─人的資源の活用』／ポール・ハーシィ、ケネス・H・ブランチャード、デューイ・E・ジョンソン [著]／山本成二、山本あづさ [訳]／生産性出版（2000年）

   学習曲線（Section 42）

7. 『トヨタ生産方式─脱規模の経営をめざして』／大野耐一 [著]／ダイヤモンド社（1978年）

   カンバン（Section 40）、カイゼン（Section 35、40）、JIT方式（Section 34）

8. 『パーソナルソフトウェアプロセス入門』／ワッツ・ハンフリー [著]／PSPネットワーク [訳]／共立出版（2001年）

   パーソナルソフトウェアプロセスによるコード作成時間の測定（Section 12、Section 31、Section 34 など）

9. 『ソフトウェア開発の定量化手法 第3版 ─生産性と品質の向上をめざして─』／ケイパーズ・ジョーンズ [著]／富野壽、小坂恭一 [監訳]／共立出版（2010年）

   ファンクションポイント（Section 19 など）

10. 『ザ・ゴール―企業の究極の目的とは何か』／エリヤフ・ゴールドラット［著］／三本木亮［訳］／ダイヤモンド社（2001年）

   ボトルネック（Chapter 8など）

11. 『ピープルウエア 第3版』／トム・デマルコ、ティモシー・リスター［著］／松原友夫、山浦恒央、長尾高弘［訳］／日経BP（2013年）

   「チーム殺し」をしない（Section 37コラム）、同じ場所の共有（Chapter 6）など

12. 『デスマーチ 第2版 ソフトウエア開発プロジェクトはなぜ混乱するのか』／エドワード・ヨードン［著］／松原友夫、山浦恒央［訳］／日経BP（2006年）

13. 『システム開発の見積りのための実践ファンクションポイント法 改訂版』／児玉公信［著］／日本能率協会マネジメントセンター（2006年）

   ファンクションポイントの計算（Section 19など）

14. 『アジャイルと規律 ～ソフトウエア開発を成功させる2つの鍵のバランス～』／バリー・ベーム、リチャード・ターナー［著］／ウルシステムズ 河野正幸、原幹［監訳］／越智典子［訳］／日経BP（2004年）

   計画駆動（Section 03など）

15. 『入門UML―Kendall Scottの入門シリーズ』／ケンドール・スコット［著］／株式会社テクノロジックアート［訳］／長瀬嘉秀、今野睦［監訳］／ピアソン・エデュケーション（2002年）

   UML（Section 28など）

16. 『人月の神話【新装版】』／フレデリック・P・ブルックス，Jr.［著］／滝沢徹、牧野祐子、富澤昇［訳］／丸善出版（2014年）

   「人月」の計算（Section 08、19）、コミュニケーションコスト（Section 19、25など）

17. 『ソフトウェア職人気質―人を育て、システム開発を成功へと導くための重要キーワード』／ピート・マクブリーン［著］／村上雅章［訳］／ピアソン・エデュケーション（2002年）

   暗黙知の継承（Section 08、10、28、40、42など）

18. 『マネジメント［エッセンシャル版］―基本と原則』／ピーター・F・ドラッカー［著］／上田惇生［訳］／ダイヤモンド社（2001年）

   「マネジメント」の説明（Section 30）

19. 『人を活かす究極の生産システム セル生産の真髄』／金辰吉［著］／日刊工業新聞社（2013年）

   多機能工・セル生産（Section 36、37など）

20. 『プロジェクトマネジメント知識体系ガイド（PMBOKガイド）第7版＋プロジェクトマネジメント標準』（一般社団法人 PMI日本支部）

   PMBOKの解説（Section 16、29、35、41など）、WBS（Section 11、16など）ほか

索引

| 著者プロフィール |

増田 智明（ますだともあき）

Moonmile Solutions代表。株式会社セックを退職ののち現在はフリーランスに至る。主な活動はプログラマーと執筆業。他にも、保守、新人教育、技術顧問などなど。アジャイル開発、計画駆動、TOC/CCPM、建築、料理をふまえて、開発プロセスを俯瞰しつつ、ソフトウェア開発に適したスタイルを模索中。著書に『図解入門 よくわかる最新システム開発者のための仕様書の基本と仕組み』『成功するチームの作り方 オーケストラに学ぶプロジェクトマネジメント』（ともに秀和システム）。他にもプログラミング言語の入門書を多数。

- 装丁 ─────── 井上新八
- 本文デザイン ───── 株式会社マップス
- DTP／本文イラスト─── 株式会社マップス
- 編集 ─────── 鷹見成一郎

書籍WebページURL
https://gihyo.jp/book/2023/978-4-297-13899-8

■ お問い合わせについて

- ご質問は本書に記載されている内容に関するものに限定させていただきます。本書の内容と関係のないご質問には一切お答えできませんので、あらかじめご了承ください。
- 電話でのご質問は一切受け付けておりませんので、FAXまたは書面にて下記までお送りください。また、ご質問の際には書名と該当ページ、返信先を明記してくださいますようお願いいたします。
- お送り頂いたご質問には、できる限り迅速にお答えできるよう努力いたしておりますが、お答えするまでに時間がかかる場合がございます。また、回答の期日をご指定いただいた場合でも、ご希望にお応えできるとは限りませんので、あらかじめご了承ください。
- ご質問の際に記載された個人情報は、ご質問への回答以外の目的には使用しません。また、回答後は速やかに破棄いたします。

図解即戦力
ずかいそくせんりょく

アジャイル開発の基礎知識と導入方法がこれ1冊でしっかりわかる教科書
かいはつ きそちしき どうにゅうほうほう さつ きょうかしょ

2023年12月29日　初版　第1刷発行

著　者	増田 智明 ますだ ともあき
発行者	片岡 巌
発行所	株式会社技術評論社
	東京都新宿区市谷左内町21-13
	電話　　03-3513-6150　販売促進部
	03-3513-6177　第5編集部
印刷／製本	株式会社加藤文明社

©2023 増田 智明

ISBN978-4-297-13899-8 C3055　　　　Printed in Japan

■ 問い合わせ先

〒162-0846
東京都新宿区市谷左内町21-13
株式会社技術評論社 編集部

「図解即戦力　アジャイル開発の基礎知識と導入方法がこれ1冊でしっかりわかる教科書」係

FAX：03-3513-6173

技術評論社ホームページ
https://book.gihyo.jp/116/